高情商管理者的6个习惯

HABITS OF HIGHLY EFFECTIVE BOSSES

[美] 斯蒂芬・E. 科恩 Stephen E. Kohn　文森特・D. 奥康奈尔 Vincent D. O' Connell　著　　马怡如　译

北京联合出版公司
Beijing United Publishing Co.,Ltd.

图书在版编目（CIP）数据

高情商管理者的6个习惯 / (美) 斯蒂芬·E. 科恩，(美) 文森特·D. 奥康奈尔著；马怡如译. -- 北京：北京联合出版公司，2019.2

书名原文：6 Habits of Highly Effective Bosses

ISBN 978-7-5596-2915-9

Ⅰ. ①高… Ⅱ. ①斯… ②文… ③马… Ⅲ. ①领导人员 - 情商 - 研究 Ⅳ. ① C933 ② B842.6

中国版本图书馆 CIP 数据核字 (2019) 第 014337 号

著作权合同登记号　图字：01-2018-6349

高情商管理者的6个习惯

项目策划　斯坦威图书

作　　者　(美) 斯蒂芬·E. 科恩，(美) 文森特·D. 奥康奈尔

译　　者　马怡如

责任编辑　管　文

策划编辑　李佳铌　潘明月

封面设计　异一设计

北京联合出版公司出版

（北京市西城区德外大街83号楼9层　100088）

天津中印联印务有限公司印刷　新华书店经销

131千字　710毫米 × 1000毫米　1/16　13印张

2019年2月第1版　2019年2月第1次印刷

ISBN 978-7-5596-2915-9

定价：52.00元

我们遵循本书的主旨，

即我们每个人都可以培养适用于工作和个人生活的技能，

在此，把本书献给使我们受益良多的客户，

以及我们的家人，

他们每天都在鼓励我们，

去探寻人际关系在有意义的人生中的价值。

前　言

多年来，我们一直将咨询工作的重心放在解决职场中“人的问题”上。每个咨询项目都存在独特的问题和挑战，这通常与客户公司的行业类型、规模、执行管理层风格和组织架构相关。但随着时间的推移，在协助各种公司解决管理问题时，我们注意到：这些问题看似独特，但在我们制订并实施干预措施的过程中却存在一种固定的处理模式。尽管咨询项目的特征和情况会有所不同，但我们着重关注的管理技能在本质上是相同的。我们意识到：在培养客户管理能力时，我们几乎都是以培养管理者情商的核心实践开始的。多年来我们培训过无数客户，从这些客户的经验中，我们逐渐探索出一种高情商管理模式。我和奥康奈尔经常探讨这种模式，从而进一步了解它。我们将这种高情商管理模式添加到管理层培训的核心课程中，同时也在个人和集体培训课程中加以应用。但到目前为止，我们从未以任何正式的形式把它记录下来。

我们在很久之前就想写一本书，分析高情商管理者的6个习惯，但一直都没有付诸行动。它就像一块发痒的皮肤，被我们忽视但又偶尔抓抓，直到瘙痒难忍前，都没有得到足够的重视或认真的治疗。写书的计划迟迟没有进展，我们总是以这项计划还在“概念阶段”为由，来说服自己和其他关心这一计划的人。但我们并没有欺骗任何人（包括我们自己）的意思。“概念阶段”是一个借口，一个很明显的拖延战术，而这个理由越来越站不住脚。这显然与我们经常向客户传递的价值观相冲突。在培训中，我们总是鼓励客户去克服他们在职场和个人生活中的惰性。我们也会让客户在深思熟虑后制订个人计划或目标，并鼓励他们付诸实践。多年来，我们探索出一套高情商管理技能，并希望能够将它记录下来。但这一想法却一直被束之高阁，静静地躺在存放着我们未来目标的假想书架上，落了厚厚的一层灰。现在我们写这本书的部分动力，源于我们向客户所传达的理念。如果我们只说不做，我们如何能继续帮助客户解决他们的拖延问题？是时候卷起袖子，着手来完成这本书了。

我们写这本书的另一个动力则更正面、更能带来成就感：我们希望向更广大的商务读者分享我们的高情商管理模式。我们对这种模式充满信心，并想将它介绍给非客户群体。

与之前参与过的项目一样，我们发现保证写书计划能够有条理地进行，最有效的方法是制订一个合理的计划。从基础做起，随后再向前推进。所以我们问自己：我们为什么要这么做？我们想要达到的目标是什么？为保证本书的质量，我们需要仔细思考我们的答案。我们拒绝把这项具有使命感的工作变成一项草率的、敷衍了事的任务。我们需要确定这本书背后的目的，因为将来我们会时不时地回头查阅这本书。

在我们思考如何呈现这份作品的过程中，上述思考无疑是一个有效的出发点和有效的催化剂。在脑中的想法和最终目标具体化后，我们将本书的“使命”记录如下：

在这本书中，我们将分享培养管理者高情商技能的方法。实践这种模式的管理层能够在工作中变得更高情商；能够在职业生涯中创造晋升的机会；能够在个人生活中，将这些技能有效地用于处理形形色色的问题。

带着这个目标，我们开始关注潜在客户的需求。这个过程从一些显而易见的问题开始：我们的潜在客户可能是谁？在我们希望呈现的材料中，他们对哪些内容感兴趣？

在职业管理方面，我们的潜在客户会更重视情商问题。我们期待他们通过丰富的经验或老练的观察力，意识到高情商管理技能的重要性。换言之，我们的客户，你很可能要么正承担着管理责任，要么可以通过经验推断出管理职能的效力与高情商技能密切相关。在第二种情况中，很可能你希望以后能够管理他人，或者在工作中被赋予一项管理职能。无论何种情况，无论是短期还是长期，你都希望在管理岗位上取得成功，并现在为之做好准备。

此外我们认为，我们的潜在客户明显对不同管理者间的管理绩效差异感兴趣。我们经常在职场中观察到这样的现象，可能你也注意到了：由高情商管理者领导的组织气氛与由低情商管理者领导的组织气氛存在明显差异。我们的读者是善于思考的专业人士，他们会问自己：“为什么人们想要为这位管理者努力工作，却要放弃或避免与另一位管理者的接触？”此外，我们的读者可能已观察到职场冲突是如何降低一个公司的生产效率的。我们的读者希望在他们的职业和个人发展中投入时间和金钱，以期学会如何避免或大幅降低——工作和家庭中，由于低情商行为所产生的财务和情感成本。

我们认为，大多数的潜在读者已经或多或少地参与过管理层高情商技能方面的培训。这些培训可能来自于雇主、提供管理职责学术课程的机构、社区中定制的讲座以及职业继续教育课程。关于工作中如何领导他人，哪些事能做哪些事不能做，我们的读者可能已经有一个基本的了解。但同时我们希望读者能够认识到，学习管理中的高情商技能，不能仅靠阅读和理解成功人士的管理经验，而更需要将这些技能运用到管理实践中，理论与实践相比差异极大，且理论的难度相对较低。理论应用于实践是职业发展和个人成长的一个过程——这个过程通常需要人们做出改变。我们都知道改变的过程非常困难，甚至令人不快。行为上的改变需要情感上的力量、精神上的专注和精神上的勇气做支持，特别是当不恰当的管理方式已根深蒂固在我们的性格以及与他人交流的方式中时。

我们认为你——我们的读者，已准备好去评估是否需要改变自己的行为方式了。但除此之外，你还想要了解管理方式的改变是否会产生短期和长期的积极效果。对于能够提高管理实践的行为科学，包括社会心理学、组织动态学、激励理论、人格类型以及人类心理发展等课题，你在了解后会更加重视它们的价值。你可以通过学习这些值得思考的有趣课题，将它们用于处理职场中的人际关系问题。因此从本质上来说，管理技能的学习一部分是出于“职业”考虑，一部分是出于“兴趣爱好”。如果你出于对行为科学的好奇，而去钻研有效的管理行为，那么非常个性化的指导、培训甚至咨询或心理治疗会更吸引你。这种对自身和对大众的求知欲是值得赞赏和培养的。

将这种高情商管理模式转化为文字表达的过程中，我们遇到的根本挑战是：对于应用这种模式及相关指引的人来说，这种模式需要提供真实、有意义的帮助和可衡量的行为结果。我们认为，向人们展现大量直观感受的模型才是最有效的。因此，必须首先“证明”的一点是，我们所倡导的技能是相关且值得关注的。我们意识到，这种方法需要理论背景和研究的支持。对初学者来说，案例研究是很有价值的，特别是当这些假设情况（全部基于我们咨询服务中遇到的真实事件和人物）能够反映我们日常生活中遇到的问题和变化时。在组织想法时，我们希望能达到以下效果：在学习我们的模式和用来解释观点的案例时，你能够达到边读边赞同的效果，就像你自言自语一样，“是的，我经常碰到这种情况”或者“你说得太对了”。如果读者在阅读材料时能够产生此类情感共鸣，这其中包括对情景真实性和解决方案合理性的认可，行为改变的效果将是最佳的。只有当材料内容能够联系到现实中的日常管理和职场经验，读者才会产生情感共鸣。简而言之，我们尽全力为我们的读者“保持真实性”。

通过发人深省的问题、举出现实职场中的案例，我们深化了这种管理模式的内涵，为你提供一套切实可行的管理实践方法，从而使你提高相应技能。你根据我们的要求所做出的反思，以及通过我们的鼓励所进行的练习，可以应用于以下两种情况：它们可以是自我训练过程的一部分，可以与你和职场导师的探讨相结合；它们还可以作为一对一职业培训的指导准则，在学习的过程中给予你更一致的反馈意见。

我们认为读者的另一个特点是“实干家”。当然，掌握合理的资料并理解这些资料里的核心思想是有价值的。但我们读者的真正兴奋点在于，将这些资料应用于现实情况、尝试去提升个人能力并观察他人对建议行为的实际反应。我们的客户与生俱来就充满好奇心，但最终他们会牢牢扎根于结果。他们的兴奋点不是堆砌着心理学词汇的书。我们认为，将书中的建议付诸实践后，对于结果的满足感才是我们读者的兴奋点。实践过程中的反馈是保证结果坚实的重要因素，这些反馈能够确保你的行为模式真正融入你的实践中。

尽管很难启动，但写书计划已成为一项我们心甘情愿的工作。我和奥康奈尔非常激动能够与他人分享我们的想法，并且帮助人们开发他们的全部潜能，并激励这些人帮助其他人开发潜能。我们期望，你在阅读这本书并将我们分享的模式付诸实践时，能够享受这一过程，就像我们享受将这一模式整理给你的过程一样。

我们希望，你阅读完这本书后能够将高情商管理理论应用到实践中，并且享受这一过程带给你的快乐。

序　言

公司管理中“高情商管理”的价值已经被广泛认可，但当考虑“如何让管理层更好地履行他们的管理职责”时，公司有时会忽略“情商”的影响。公司普遍认为管理者在技术层面的技能更容易“培训”。因此，一般情况下，公司的培训更倾向于弥补与当前最先进知识的差距，引进提升生产力的最新技术，检查公司政策的更新，等等。在确定领导岗位时，公司存在这样一种约定俗成的想法：我们并没有时间花在培养管理者的情商上，我们需要寻找一位情商较高的管理者，让他建立公司内部和谐的人际关系网从而稳固提升生产效率。

当然，在职位招聘和职位描述中，我的公司和其他无数公司都声称，我们希望招聘并培养管理岗位的人才，是具有敏锐的洞察力和社会取向，能够有效执行管理者的管理职能的。并且，我们尽最大努力去选择我们相信未来能够胜任管理岗位的人。但将这些多少有些短暂的能力归类为“高情商管理技能”，这不就是默认上述技能是实际的并且是可以加以培养的能力吗？我们反过来想，如果公司和个人希望提升整体管理实践的水平，或许他们应该寻求培养情商技能方面的帮助和指引。

实际上，如果一个人决定花费时间和金钱去更深入了解人际关系管理，他会提出一些有趣的问题。

• 在实际职场中，这些“高情商技能”是什么？

• 技术或知识能力较强的人是如何提升高情商管理的能力的，特别是处于人际关系困境时。

• 在努力成为更好的管理者的过程中，个人如何最有效地分配他们的时间和精力？他们应当从哪里开始？在基础层面，他们需要做什么来进一步提升？

在《高情商管理者的6个习惯》中，我最喜欢的一点是，它为上述问题提供了真实、具体和相当详细的答案。在如何实际培养和实践高情商管理能力方面，这本书为读者提供了清晰的指引和一系列建议，而不是模糊的陈词滥调或放之四海而皆准的说教。

科恩（Kohn）和奥康奈尔（O' Connell）十分全面地分析了高情商管理问题，他们在书中罗列了六项他们认为最重要的、与态度相关的“习惯”或行为。他们系统地阐述了如何更有效地提升技能或工作流程：“诀窍”是发现最相关的能力，并随之掌握它们。这本书告诉我们：什么态度是最重要的，以及如何更有效地培养它们。

此外，这本书通俗易懂。我喜欢科恩和奥康奈尔用真实案例来解释的方法。这本书有助于读者了解保证高情商管理成功的习惯。

最后，如果你已经拿起这本书并正在阅读，你无疑被这个主题所吸引。所以，你已经在培养自我认知的道路上，即科恩和奥康奈尔所提出的六种“习惯”中的第一种。换言之，你知道高情商的重要性，并知道高情商是一项终身的学习项目。所以，我鼓励你保持对自身的好奇心。它不仅会让你成为一位更高情商的管理者，也会让你在工作之外更有效地维护你生活中的重要关系。

此致

敬礼!

雷·施泰茨（Ray Steitz）

全球人力资源副总裁

华纳奇尔科特实验室（Warner Chilcott Labs）

罗克威市，新泽西州

目录

CONTENTS

CHAPTER 1

成为高情商管理者，打造真正的“人才战略”

最近一段时期，各公司纷纷流行制订“人才战略”。通常来说，“人才战略”是一个公司内部倡导的员工关系议题。在追求公司目标的过程中，这一战略通过整合公司整体的力量，去提升公司的人力资本。事实上，很多公司将这些战略融入它们的公司标志中，比如“以人为本”或者“人才优先战略”。

“以人为本”确实是一个有价值的目标。着眼于人力资源资产的公司，会营造这样一种公司内部环境：公司能够关注到内部的人才，并能够考虑如何施展和运用人才的全部潜能。但公司的资源是有限的，公司也面临着如何满足高要求顾客的日常压力。因此，公司需要决定哪些以人为本的优先战略是最重要的，以及如何筹划、实施和支持这些优先战略。公司还要在之后确定一个理想的公司“人才战略”有哪些关键决定因素。

有些公司可能选择建立新的薪酬模式，通过报酬激励着重奖励工作表现出色的员工；也有的公司可能选择增加福利待遇。上述战略很重要，但研究表明：与更内在的报酬相比，此类外在报酬通常无法有效激励员工有出色的工作表现。

实际上，工作能够提供很多类型的内在报酬：学习、培养新技能、团队工作中的社交机会，甚至是更无私的报酬，这种报酬来源于帮助客户扩大业务并见证他们最终成功的喜悦。根据我们的经验，当员工喜欢他们的公司时，当员工每天对上班感到兴奋时，工作的内在报酬能够激发员工积极的工作态度，而这种工作态度主要取决于员工与其主管的关系质量。而在此类关系中，最重要的是员工与其直属主管的关系。实际上，公司“人才战略”中最关键的要素应该是培养管理者的高情商管理技能，这体现在管理者与其直属下属的日常个人和团队交流中。当管理者与其直属下属的关系融洽时，工作很可能产生极高的内在报酬。当员工欣赏管理者的管理方式时，当员工认为他们的监督关系包括相互尊重以及个人和专业的发展机会时，员工会非常积极地工作，这种积极程度远远超过仅仅接受外在报酬的情况（即他们的工资）。

我们支持这一核心原则：管理者是一个创建人际关系的角色，而最重要的关系是管理者与其直属下属之间的关系。这一原则是我们所提出的模式背后的核心主旨。

人际关系管理理论：一段值得简单了解的历史和理论概述

人际关系的变化对公司绩效具有重大影响，这个概念源于20世纪20年代末至30年代初进行的霍桑实验（Hawthorne Experiments）。虽然以现在的角度很难理解，但在当时，研究人员在西电公司（Western Electric，位于伊利诺伊州西塞罗市）霍桑工厂的发现确实是全新的并具有革命性的。研究人员将两组从事相同工作的员工分隔在两个房间里。一组作为参照物，而另一组接受各种实验刺激，如增加照明、减少照明、暂停休息等等。研究人员包括哈佛大学的埃尔顿·梅奥（Elton Mayo）、费里茨·勒特利斯贝格尔（F. J. Roethlisberger）和西电公司的管理层迪克森（W. J. Dickson），他们希望实验组在这些实验中会有不同水平的表现。

令研究人员惊讶的是，两组的绩效都提高了。研究人员惊讶于这一结果，是因为他们深受古典管理理论的影响。这些理论是当时的主流思想，其特征是：假设组织系统可以被比作一台机器，作为内部结构的员工可以被操纵或重新调整，从而影响公司的绩效。研究人员最终得出结论是：两组实验组生产力的提高，仅仅是因为实验对象在工作中得到关注并被特殊对待。这种现象被称为“霍桑效应”。

这个早期研究的基本经验是：受到管理层关注、被特殊对待、认为自己的工作具有重要意义的员工可以变得非常的积极主动，进而提高其绩效。虽然在现在，人们可能对此类见解反应平平，即使是青少年对这种明显且不言而喻的真理也只会漫不经心地回复“哦，好吧”。但在当时，这是一个新颖的想法。在当时，员工被视为机器中消耗性的齿轮、可替换的部件，他们要么完成工作，要么被淘汰。激励员工更好地履行职责并不是当时管理影响因素的一部分。

不用说，当管理者和学者们更好地理解了霍桑实验结果的成因后，这一开创性的研究助推了一系列管理新理论和方法的产生。20 世纪三四十年代，一种新的思维方式得到了广泛的推广，即“人际关系管理”思潮运动。从今天的角度来看，我们很难理解这种想法在当时为何得到如此多的关注，为何它能够在如何管理公司方面带来一系列连锁反应。但在当时，对于大多数公司来说，这项“运动”是一个重大的转变，特别是在当时，流水线装配的大企业取代了制造业的统治地位。

随后在 1960 年，一本名为《企业的人性面》（*The Human Side of Enterprise*）的书中，道格拉斯·麦克格雷格（Douglas McGregor）为公司管理实践的价值澄清法做出了另一项重要贡献。在书中，麦克格雷格提出了两个术语，X 理论和 Y 理论。这些术语已经很好地融入到管理术语中。

尽管这个理论是在 58 年前提出的，但如今的管理层仍会对麦克格雷格的理论产生共鸣，因为许多管理者都具有麦克格雷格所提出的管理风格特征。本质上来说，麦克格雷格所做的是帮助阐明存在于具有代表性的管理者样本中的分歧，以及不同管理者管理其直属下属的方法特征。

X 理论假设管理者认为：

• 一般人具有不喜欢工作的天性。

• 人们对工作能免则免。

• 由于不喜欢工作，大多数人必须被控制和威胁，才能达到工作足够努力的状态。

• 一般人：

* 更喜欢被管理。

* 不喜欢承担责任。

* 模棱两可。

* 安全至上。

你肯定观察过这种管理方式。在最极端情况下，X 理论管理者表现为极度专横和多疑。他们坚信员工需要持续地被监督，否则员工就会“游手好闲”。X 理论管理者与员工的互动包括直接或间接的失业威胁，职业生涯停滞不前或其他类似隐含潜在心理恐吓的消极激励方式。如果员工的表现值得 X 理论管理者鼓励，那么奖励普遍会比较没有人情味，并通常是基于金钱上的奖励。毕竟，除了向他们多付钱或提拔他们之外，你还有什么方式去奖励员工呢？值得注意的是，从我们的经验来看，当 X 理论管理者在公司中占主导地位时，他们所营造的职场文化无意中加深了“懒惰的工人和专横的管理者”间的分歧。员工感到人格上受到侮辱，所以他们以专横管理者所预料的态度来回应管理者：三心二意、偷偷摸摸，还有“我才不在乎”的态度。

在较为缓和的情况下，X 理论的管理方式是一种以微观管理为导向的管理风格，它假设：除非管理者对正在执行的工作进行积极的监督，否则员工不能够完成工作（或者不能够正确地完成工作）。X 理论管理者不信任员工能够正确地完成工作。毕竟 X 理论管理者认为，员工对公司短期和长期财富的关心程度低于管理层。这种管理风格源于管理者不愿意接受这样一个前提：员工在自主情况下，能够具有主观能动性和良好的判断力，并致力于解决遇到的问题。因此，X 理论管理者很难将工作委托给他人。

然而，与很多具有广泛相关行为的模型一样，管理健全、运行良好的公司会部分采纳 X 理论的管理理念。在最温和的模式下，公司运用 X 理论的方法去记录公司的政策和程序，去解释工作需要如何完成，以及清楚地说明如何处理人事问题（比如表现不佳的个人如何受到纪律处分甚至解雇）。公司制订并宣传规范化的规章和组织架构，以防止员工缺少动力、技能或减少对公司的贡献，从而导致员工的工作行为与公司整体目标不一致的情况。即使管理层更倾向于认为程序和“规则”是不必要的，即使管理层希望需要援引程序和“规章”的情况越少越好，它们也会以白纸黑字的形式，规定在此类情况下将要采取的步骤。

与 X 理论的管理方式相反，麦克格雷格描述了一种更加人性化和放权的管理方式，他将这种理论称为 Y 理论。Y 理论管理方式的前提假设是：

• 与玩耍或休息一样，工作中需要花费体力和脑力。

• 管理和惩罚不是使员工工作的唯一方式，如果员工以公司的目标为己任，他们能够积极主动地工作。

• 如果员工对工作感到满意，那么他们会对公司忠心。

• 在适当的情况下，一般人不仅要学会去接受责任，而且要去主动承担责任。

• 大部分员工能够运用想象力、创造力和独创性来解决工作中的问题。在现代工业条件下，一般人的智力潜能未被全部开发。

Y 理论管理者坚信员工是公司的资产，接受培养的员工可将他们的才能贡献给公司。员工不是不愿意工作或好逸恶劳的，不需要敦促他们按照公司希望的方式来工作，恰恰相反，员工想要做有价值的工作！这是多么棒的概念啊！

罗恩·威林厄姆（Ron Willingham）是一名作家，同时也是管理咨询公司完整系统（Integrity Systems）的董事长，他用“人本原则”这一术语来阐述高情商管理方法在公司管理中的重要性。麦克格雷格的“Y 理论”为威林厄姆的“人本原则”提供了很多灵感。威林厄姆的管理理念是：

“所有人都拥有无限的潜力，且绝大部分潜力未被承认和利用。当人们的潜力能够被挖掘和利用时，他们的生产力水平将远远超过他们的想象……”

威林厄姆认为这种生产力的提高与自我价值实现相关，以人为本的战略能够为公司带来不可思议的好处。他提出了一个有价值的观点："人比流程更重要。"威林厄姆惋惜美国工业界在技术和强调 X 理论的公司战略方面浪费了大量资源，而不是去挖掘员工的潜能来提高生产力。威林厄姆可能会问："如果可以选择，你愿意投入时间、财力和人力资源来编写一本全面的流程手册，还是愿意开发系统的方法来充分挖掘员工未被充分利用的潜力？哪一种方法最有可能为公司增加大量的价值？"后者显然是他的选择。公司的资源往往被工作流程和行政细节所消耗，导致行动往往先于考虑如何释放员工的自然本能和才能。当公司选择后一种方式时，提升绩效的机会几乎是无限的。

这个观点在今天尤为重要，因为劳动力已经被缩减到最低限度，以降低成本、提高单位生产力。但是，如果公司以"人比流程重要"为前提，那么公司可以通过发挥在职员工的全部潜力来弥补失去的人力。Y 理论管理者能够在竞争日益激烈的商业环境中制订战略计划并发展，而被授权、敬业和积极的员工对公司现有业务能够做出持续和重大的贡献。

X 理论和 Y 理论的管理价值案例

我们案例中的这家制造公司位于康涅狄格州中西部，拥有大量无工会组织的"蓝领"劳动力，其中大多数员工在公司中已工作多年，资历丰富。公司从外地雇用了一名新的人力资源总监。他精力充沛并希望给公司带来变革，他试图说服高层管理者取消员工“上班打卡”的制度，这个规定一直是计算员工工资的基础，用来记录员工上下班时间。起初，高层管理者非常反对这个想法。他们质疑：“取消打卡制度后，员工会不会开始迟到早退？”“如果员工的主管有事不在办公室，员工还会尽职尽责地工作吗？”这位新上任的人力资源总监需要解答这些问题和更多后勤问题。

他给高层管理者的答案体现了Y理论的管理价值。如果管理者向员工传递这样的信息：管理层信任员工能够准时上班、整点下班、每周准确填写工作时间表、提交并签字确认，那么整个流程会变成一个自我敦促的过程。此外他强调，员工关系亲密的团队需要开始自查，检查团队中旷工或迟到问题。最重要的是，对于员工和主管之间的关系，新系统将监督方式由需要打卡机来记录工作时间的多疑监督方式转变为一个以更加投入、更多信任、更多人际关系交流为基础的监督方式。新任人力资源管理者坚信，这项变革将形成非常积极的劳资关系并提高生产效率，因为员工认为他们的主管重视员工对企业的信任和承诺。

现实情况是怎么样的？这项变革的结果是什么？一年之后，上班打卡机像博物馆的展品一样放在人力资源部的办公室里，作为需要改变旧想法的象征性提醒，它被抛弃且永远不会再被使用。新的上下级关系和团队驱动的体系很好地融入了公司的人事管理和管理价值体系中。

管理科学中的 Y 理论案例

亚伯拉罕·马斯洛博士（Dr. Abraham Maslow）是组织行为学研究的先驱，著名的“需求层次理论”的创始人。他还为麦克格雷格的理论做出了重大的贡献，深化了 X 理论和 Y 理论在管理方式上的应用，进一步研究有效领导与心理健康的关系。在回顾他和其他人的相关研究时，马斯洛博士发现，如果制订一份心理健康特征清单，他预计优秀管理者在每一项中会取得更高的分数。如果评估最适合成为管理者的人，这类人通常具备以下特征：最适合解决实际问题、能够成功完成任务、对情况的客观要求最为敏锐，一系列测试的结果显示这类人的心理往往会更健康。而且更重要的是，更高情商的管理者不太可能对他们周围的人发号施令。马斯洛建议：“这样做并不能使管理者得到满意的结果。”

这是个需要强调的关键点。马斯洛不仅将良好的心理健康特征与高情商管理联系起来，而且还着重强调了管理者内部心理活动，包括行使权力和监督下属的需求。成功和心理更健康的管理者乐于参与人际关系谈判、调解、团队合作和对员工放权。对于专横、独裁、口出恶言的管理者，他们拥有不受挑战的权威并从中获得乐趣，但这类管理者的效率会较低。

这些发现的意义重大。管理者需要进行彻底并诚实的自我评估，发现权力行使过程中的满足感来源。满足感是否来自于权力本身？你是否曾经发现自己沉迷于权力，沉浸于所谓的“权力炫耀”中？罗伯特·E.卡普兰（Robert E. Kaplan）致力于解决高级管理者的缺点，在《超越野心》（*Beyond Ambition*）一书中，他塑造了一位叫比尔的行政主管，这个人物基于卡普兰过往案子中的一个人物，但是也融合了其他客户的特征。比尔是个典型的“炫耀权力”的失败管理者。

“他侃侃而谈如何分享权力，并相信分享权力的意义，但希望处于主导地位的想法使他不能按照意愿行事。更糟糕的是，当有人劝告他控制欲太强时，他会有被严重冒犯的感觉。和许多其他高管一样，权力下放对比尔来说是性格而不是技能上的困难。”

职场研究清晰地表明，成功的管理者能够从团队成就中实现自我价值，他们能够真正发掘他人的潜能，成功地指导他人并赋予下属新的挑战，而非着眼于巩固他们在公司的权力。对于一位能力突出、经验丰富的管理者来说，即使他出于本能单方面“拍板决定”，他的管理方式仍能够体现他的“情商”。这看似矛盾，但可以解释为：管理者可能感觉到团队需要明确的方向和目标，他的本能由此驱动，以便他们能够重新关注在更大的目标上。对于如何重塑权力下放和团队协作氛围，坚定立场有时可能是最佳的方法。当然，做出这种决定的关键在于了解行使权力情况的差异，一种是为实现自我满足，而另一种是为了克服阻碍员工能够百分百发挥作用的近期障碍。

显然Y理论管理者通常在心理上是更健康的，因为相对于X理论管理者而言，巩固和控制权力对他们的整体管理来说不那么重要。如果心理健康的管理者是更好的管理者，那么以人为本的Y理论管理者就是更好的管理者。

下面，我们来探讨下马斯洛对履行管理职责时心理满足的研究。他举了一个超级明星销售员的例子，这位销售员是一位出色的关系建立者，但他的自负和“炫耀权力”使他成为一位失败的管理者。

鲍勃（Bob R.）是XYZ公司的推销员，他业绩突出，人际交往能力极强。他能够挖掘销售机会，与客户建立联系并分析他们的需求。两年来，鲍勃一直是XYZ公司的首席推销员。自加入公司以来，他的表现已经超越了其他销售人员。鲍勃是一个自信的男人，在销售环境中，他善于解读人心和接触他人。他的客户喜欢与他联系，尽管竞争对手试图加以引诱，但鲍勃的客户仍对他非常忠诚。鲍勃的销售业绩令人印象深刻，公司考虑如何奖励他的努力。他被晋升为高级销售管理者，有25名遍布美国的下属销售人员。公司建议鲍勃将客户分配给下属销售人员。他的职责包括激励下属销售人员，支持他们的销售工作，从而提高整个系统的销售收入。在鲍勃晋升为高级销售管理者的第一个月，他的几名员工找到公司总裁并威胁要辞职。问题出在鲍勃和他的管理风格上，他的下属告诉总裁他咄咄逼人而且很难与之交流，“他简直像动物一样蛮不讲理”。他们投诉鲍勃对简单的问题反应过度，并以伤人的方式批评下属。鲍勃威胁到员工的工作，并营造出一种恐吓的工作气氛。他在新角色中牢牢掌握着权力，却没有为员工提供任何支持和指导。只有当鲍勃在进行销售，并把注意力集中在客户和销售问题上时，销售人员才能忍受他。公司总裁打电话给鲍勃，向他传递了一个对他表示支持但明确的信息："你是这家公司的财富，但可能不是在管理者这个职位上。我们需要你修改自己的管理方式，否则你的岗位会有所变动。"

从员工的成功中获得满足

鲍勃是公司最成功的销售人员，是一位天生的"关系建立者"，但他在当前管理岗位上的表现是失败的。公司处于一个困难的境地，管理者掌握着一笔可观的公司销售收入，但几乎整个销售团队都反感他的管理风格，公司可能需要损害与管理者的雇佣关系，以避免因为大规模辞职而损失几乎整个销售团队。管理层晋升鲍勃为高级销售管理者，认为他作为销售人员的技能能很好地转变为销售管埋者的技能。在鲍勃担任管理者后，他就应该采用更多样的管理技能以成为一位成功的管理者。此外，他也需要把如何建立关系的技能传授给他的员工。虽然鲍勃是一位优秀的关系建立者，但他并没有用心分析如何让他的员工取得成功。他没有去了解员工对管理者的期望，也没有对他的员工付出过在销售中的耐心和指导。其实，鲍勃应该把他的员工视为客户和让他最终成功的工具。相反，鲍勃对员工专横且没有耐心，他专注于成为“老板”的力量，从“发号施令”中得到满足。他本应从他的员工取得成功并充分发挥潜能中得到满足。

什么是管理技能

案例中，鲍勃在担任管理者后遇到的困难在当今的商业世界中比比皆是。许多人因为在工作中表现优异、学识渊博、对公司忠心耿耿而晋升到管理层。但有时候，尽管员工具备才干、技术专长和经验，但他可能并没有准备好成为一名优秀的管理者。公司如何能够判断员工是否已经准备好成为一位管理者？我们同意卡普兰的观点，公司需要在判断时进行性格评估，性格评估的关键是员工是否能够运用人际交往能力、人际关系能力和情商来建立与其直属下属的关系。

如果是这样的话，那么问题就变成了：从性格角度上看，更健康、更乐于放权、以关系为中心的 Y 理论管理风格能否传授给在这方面存在困难的管理者？如果在行使权力时遇到麻烦，一个人的性格是否可以改变？如果性格能够被改变，为及时进行改变，应该着重关注哪方面技能？你会在书中找到答案。我们将尽力为这些非常重要和根本性的问题提供有用的答案。

CHAPTER 2
高情商管理者的 6 大警告信号

上章案例中的鲍勃几乎迫使下属反抗他，他明显缺乏高情商管理技能。鲍勃管理上的问题使公司陷入危机，公司必须对他的管理问题做出回应，否则会面临整个全国销售团队全部辞职的风险。但公司还需注意其他通常不太明显的情况，去解决公司整体的人际关系管理问题，或具体管理者与其下属的交流问题。回避或忽略这些“警告信号”会导致许多不言而喻的相关财务、生产力和人际关系问题，例如资源浪费、人力短缺、士气低落、团队忠诚度下降等等。正如医生通过多年对重病的研究，从而得出如何健康生活的结论。我们的这套人际关系管理的方法是基于我们多年来对企业的观察，很多企业在未理会以下警告信号后付出了昂贵的代价。

警告信号一：

高于平均的员工离职率

整个销售团队全部一起辞职的情况是很少见的，但每个公司都会碰到员工离职的问题。在美国，公司的运营相对开放，经济以市场为基础，这种自由也同样适用于劳动力市场。人才寻找最能吸引和留住他们的公司，公司反之亦然。现实中，大多数公司在开放的劳动力市场体系中既有收获也有损失。

但是，一些员工离职的情况是可以预防的，这些本应可以预防的员工离职会给公司带来损失。根据我们的经验，这些代价高昂的员工离职是否能够避免与下面这句话息息相关：

"员工不会离开他们的工作，他们离开的是他们的管理者。"

还记得我们的核心主旨吗？人才战略最重要的是优化管理者与直属下属之间的关系。当公司或部门内的员工离职率过高时，问题可能出在管理层未与有价值的员工建立紧密的联系。监督管理关系遇到了麻烦。由此产生的挫败感会迫使这些员工离开公司。高离职率会增加公司的人力成本，导致团队绩效较低或不稳定，并为其他员工和管理者间脆弱的关系增加新的负担。根据我们的经验，离职员工与其主管关系的离职调查数据分析显示：离职员工和其主管间的沟通上经常存在问题。尽管已有迹象表明问题的存在，但公司常常不会进行实质性干预。待公司注意到这个问题时，已经太迟了，人才已经离开了公司。

当管理者所在部门或组的离职率过高时，公司就不能再视而不见了。公司必须审视造成过高离职率的原因。表面上看来，有很多合理的理由可以解释为什么这个管理者的下属员工离职率过高：工作要求严格，工作环境困难或其他合理的解释。但一个地区或部门过高的员工离职率是一个很明显的警告信号，这位管理者可能在管理人际关系方面存在问题。这种情况下，公司需要对管理者的管理风格进行分析。

警告信号二：

公司内部难以填补空缺的职位

为维护公司平稳运营，公司需要填补员工离职后的职位空缺。从公司内部招聘员工往往是公司第一个也是最节省成本的选择。当公司内部难以填补该职位时，可能公司员工普遍认为很难与这位管理者一起工作。这种情况迫使公司从外部招聘人才，这个过程会更加昂贵和耗时。当内部员工告知公司“我们不能为这位管理者工作”时，公司应该注意到一个信息。这个信息表明公司需要解决这个问题并采取行动。

警告信号三：

人力资源同事需要调解的纠纷数量和严重程度增加

当管理者缺乏高情商管理技能时，他往往不能有效地向员工传达他的决策。沟通不畅可能使员工对决策感到不公平或不公正，从而导致最终需要汇报给人力资源部门具体的纠纷情况，因为该部门负责公司政策或程序的实施。人力资源和公司其他资源用于“灭火”，他们更多地通过与冲突双方的沟通调解而非具体决策来解决已经激化的问题。当大量的公司资产和精力用于解决内部人际关系纠纷时，公司宝贵的时间浪费于此，而非用于制订和实施成功的、战略上优先的商业计划。

对于无法在人力资源部门内解决的纠纷，它们甚至可能需要法律救济或系统性的冲突解决。这种情况会耗费公司大量的时间和金钱。

根据我们的经验，当一家公司被起诉时，公司会花大量的时间和资源去评估冲突的起因，以及为什么冲突最终会以这种方式结束。但即使不需要处理诉讼纠纷，公司也需要考虑管理者与员工间冲突的时间，这些时间本应当用于更重要的事情上。如果在此耗费的时间太长，这是一个公司需要做出改变的信号。

警告信号四：

绩效评估受到质疑

绩效评估应该是这样的：管理者对其下属在审阅期间内的持续工作表现进行审阅。但如果因管理者缺乏高情商管理技能而产生争执、恶言相向时，绩效评估过程也会变得具有争议性。管理者可以通过多种方式向员工带来“坏消息”或纠正性反馈，以进一步改进和提高员工的技能，但同时管理者应该明确他关注并希望员工的绩效能够达到预期水平（我们在第八章中将更加深入地探讨这个问题）。绩效评估不是对员工的个人攻击，问题的出现往往是因为管理者无法恰当地进行沟通。如果管理者缺乏沟通技能，管理者和员工间的关系会非常“敏感”，沟通也极易演变成争吵，而非双方共同关注如何解决问题。因此在绩效评估后，如果管理者和员工间关系明显恶化，或者人力资源部门需要调节过多的、因绩效评估流程而产生的争议时（警告信号三），公司应该将上述现象作为管理问题的警告信号。

警告信号五：

因为某些部门或部门领导被认为“难以合作”，公司的政策和流程被回避

不管喜欢与否，公司内部的工作流程通常都采用阻力最少的方式。某些管理者或部门有“难以合作”的名声。为了方便起见，当与这些管理者或部门合作时，公司的其他部门可能会去避免遇到人际关系问题。因为既定的规则或程序被忽略或出现“瓶颈”，这种回避通常会导致其他经营问题。人们首先想到的是避免冲突，最常见的情况是，导致僵局的人通常在管理技能方面存在问题。

警告信号六：

部门内拉帮结伙现象明显

公司内各种小团体的发展会威胁到部门内的配合和团队合作。当团队分裂时，员工们显然很难共同完成工作。此外，有些管理者会给员工留下“厚此薄彼”的印象，这会导致团体内部人际关系冲突，从而对团队绩效产生不利影响。派系林立或团队的分裂往往更多地反映了

管理者在高情商管理技能方面的不足，而非员工不同性格所导致的自然分组。但无论哪种方式，出现管理问题的警告信号与我们上面提到的信号是相同的：人际关系冲突、生产力下降、工作责任心下降和整体团队工作效率降低。

其他警告信号

公司也需要注意以下可能存在的管理者与其下属间的人际关系管理问题：

•360 度多方评估或员工态度调查显示，管理者与员工不交流或与员工关系不好。最糟糕的是，这种反馈可能反映了管理者与员工间严重缺乏信任，这通常由于管理者缺乏可信度或者管理者从未将员工的利益放在心上。

• 针对管理者的话语或行为，员工正式指控管理层性骚扰或口头骚扰。受到指控的个人有权反驳针对他们的指控，但骚扰指控至少是一个警告信号。

• 当管理者失去理智在公共场合争吵时，工作环境明显充满冲突和恶意，变得极度不稳定和不舒服。员工不应该在这种充满情绪和冲突的环境下工作，所以公司必须评估这种情况的原因。

• 管理者在工作外有非常明显的个人问题，如性侵行为、酒后驾车被捕或家庭暴力。根据我们的经验，工作外行为方式存在问题的管理者，在工作管理中也会存在行为问题和人际关系问题。这种情况并非总是如此，但确实经常发生。

你的情况呢？

管理问题的警告标志是否适用于你当前的情况：

• 你的直属下属有多少人已经辞职或离开公司？你与离职员工的关系如何？

• 你所在部门的职位空缺是否能够在公司内部迅速填补？或者公司内部是否对你的职位空缺没什么兴趣？

• 你与人力资源部门花费的时间是否多于你解决团队内部纠纷的时间？你认为这些纠纷的趋势如何？

• 放眼全公司，你的团队团结吗？

公司整体问题还是个别情况？

公司需要时刻关注出现的管理问题以便在早期解决。问题的初期阶段损失会很小，而且管理问题尚未升级到需要公司进行变革性干预或解决问题的程度。对于管理问题，公司需要做到预防为主、治疗为辅。

公司需要注意并有勇气直面管理问题，而不是希望问题随着时间的推移而消失，或随着时间的推移而改善，或相关团队妥协后才改正自身。根据我们的经验，这些问题不会消失，而补救方法只能是在矛盾重重的堤坝裂痕上进行临时性的修补，一旦几乎不可避免的问题重新出现时，这种解决方案必然会失败。

总之，我们对公司的建议是：当公司存在普遍的管理问题时，公司需选择干预性措施，通过准备工作理解、课堂学习、团队培训和个人额外培训对全公司管理层进行培训。当严重的管理问题只存在于个别管理者或管理团队时，更集中和个性化的公司培训性干预可能是最有针对性的解决方案。

CHAPTER 3
高情商管理者的 6 个习惯

大多数情况下，当公司明显出现第二章中所介绍的“警告信号”时，公司的经营远未达到满负荷运营。这时候，公司的经营出现了问题。对于想要解决管理问题的公司而言，可以通过协商一致的管理发展培训来解决这一问题。我们的管理能力培训模式会关注以下6个习惯：培养自我认知、培养同理心、遵循“黄金法则”、保持适当的距离、巧妙地批评和灵活应对不同的人格类型。我们的模式不仅仅是让管理者摆脱第二章中所提到的麻烦，还会将这6个习惯融合，形成一套完整的技能，以提高公司内所有重要管理关系的水平。

需要着重强调的是，这6个习惯并不是一份无所不包的清单，并不是“包含管理者改善与其下属间关系所需的全部信息，从而使他成为一位优秀的管理者”。更恰当地说，这6个习惯提供了一个金字塔形的架构，通过这个架构，管理者可以把精力真正放在培养职位所需的高情商管理能力上。在任何类型的公司背景下，这6种高情商管理能力的提高都可以为管理者的管理能力带来根本性和持续性的积极改变。

根据我们的经验，管理者喜欢具备开始、中间和结束的模式，他们可以按步骤获得进步的感觉，从而向项目的“终点线”推进。管理者的时间是有限的，他们倾向于采用循序渐进的学习体系，这个体系需要具备制订好的步骤和久经考验、成功结果可衡量的流程。

图一以图表形式展示了我们的模式。该模式由“砖块”代表，搭建成一个稳固的金字塔。这种表述在视觉上强化了这一概念，尽管我们所倡导的所有技能都是“必不可少的”，但它们可以按照合理的顺序进行排列，并确定优先次序。

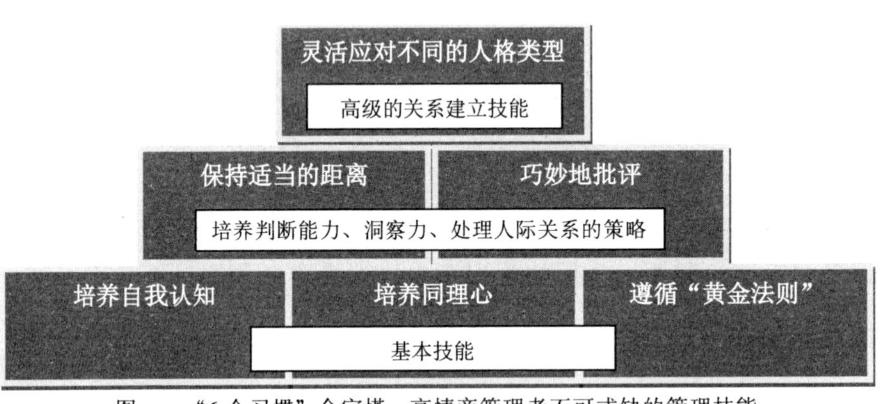

图一　“6个习惯”金字塔：高情商管理者不可或缺的管理技能

高情商管理者的6个习惯：

培养自我认知

培养同理心

遵循“黄金法则”

保持适当的距离

巧妙地批评

灵活应对不同的人格类型

高情商管理技能金字塔的底部是整个模式的基础。这些“基本”技能包括：培养自我认知、培养同理心和遵循“黄金法则”。足球教练会强调阻挡和断球，高尔夫职业选手会在第一节课中学习握杆的方法，瑜伽教练会介绍呼吸的技巧。这些基本技能是管理者培养人际关系能力的基本方式。它们帮助管理者培养心理上的健康，并让他们从本质上成为更好的人。

金字塔的中间层有两项管理技能：保持适当的距离和巧妙地批评，它们基于基础层面的三项核心技能，并适用于常见的管理问题。为了最大限度地发挥作用，我们的模式不仅仅是钻研广泛接受的基础技能。高情商管理技能的挑战能够考验管理者在同一心、情绪上的自我认知和应用黄金法则上的能力，我们希望强调能够解决上述挑战的方法。

在“高情商管理者的 6 个习惯”模式中，我们为什么会选择并强调这两项挑战？因为在我们提供管理培训服务的案例中，这两个问题反复地出现：

1. 管理者对工作中的人际关系做出错误判断、不恰当的行为或不起作用的限制使管理者的权威受到损害。

2. 对于绩效不佳的员工，管理者表现出的沮丧反应会疏远他们和员工的关系。管理者的批评会使员工无法忍受或受到伤害。管理者传达坏消息或批评意见的方式会削弱而非增强下属的士气和团队精神。

这些问题最常引起我们的注意，它们必须具备以下特征：

A. 给个人造成困难，或者至少有相当数量的员工需要外部培训资源进行干预。

B. 管理者缺乏这些技能时，会对公司内部产生广泛的影响。

就其性质而言，职场中的人际关系问题对公司来说是一件麻烦事。而问题往往集中在：管理者无法与员工保持适当的距离；管理者批评时易冲动，并损害员工的尊严。

金字塔的顶端是一项“高级”能力，这项能力较少用于预防常见问题中，更多的是用于成长型技能的培养。运用此项技能，读者可以优化与不同类型人群的关系。我们把这种练习称为灵活应对的人格类型，这一练习主要基于多萝西·博尔顿（Dorothy Bolton）和罗伯特·博尔顿（Robert Bolton）的研究和出版物，以及其他假设职场中存在不同核心人格类型的模型。这项“灵活的”技能巩固了灵活应对不同人格类型的价值。它利用管理者对理解他人的兴趣，有利于管理者找到如何与他人建立融洽的关系，以及共同提升绩效的方式。

我们的金字塔架构是为了向读者呈现并使读者理解我们的模式。在金字塔结构中，地基是最宽广的，地基支撑着上面的所有层级。金字塔结构相当简单，但非常稳固。稳固性是商业开发模型中一个很有吸引力的特征，因为管理者希望搭建的东西是持久的，并且能够在上面添加额外所需的砖块或层级。的确，埃及金字塔是耐用性和耐久性上的奇迹。我和奥康奈尔认为，我们的“6 个习惯”金字塔代表了一种基于技能的模式，它能够在现代高情商管理挑战的沙暴中持久适用!

CHAPTER 4

习惯 1：培养自我认知，摆脱管理焦虑

卓越的管理者首先会考虑提升、启迪和拓展自己……他们利用自我认知来控制自己，并最终对其他人产生更大的影响。

——沃伦·布兰克（Warren Blank）

引　言

大多数人都听过这句话“知识就是力量”。这句熟悉的格言同样适用于职场，它传递了这样一个信息：掌握实质的、有用的信息的人能够更好地掌握局势和机会。例如，为满足客户特定的需求，税务顾问需要牢牢掌握政府颁布的法规、数据和战略，他能够做出更好的决策或建议，帮助客户实现短期和长期财务目标。

但是，有多少人考虑过这个格言是否适用于“自身”，即对自我的评估？我们应该在何种程度上优先考虑自我认知，以获得更多个人能力，从而进一步发展我们的事业？优秀的管理学导师和作家约翰·惠特默（John Whitmore）从自我认知的角度出发，将“知识就是力量”这一格言重新解读，他主张：

我所知道的赋予我权利，而我没有意识到的控制着我。

我们需要优先考虑的是自我认知，而不是那些控制我们的未知问题或现实，因为自我认知能够让我们处于一个主动影响和控制的位置。这一情况适用于外部环境，但它与我们的“内心”更为相关，包括我们的情绪、人格类型、价值观和信仰。

本尼斯（Bennis）的自我认知公式

自我认知在实际工作中应该怎么做？潜在的自我认知能够带来何种积极的、富有成效的行为？杰出的工业心理学家和管理学管理能力大师沃伦·本尼斯（Warren Bennis）认为，自我认知可以作为以下管理能力和职场成功公式的起点：

自我认知 = 了解自己 = 自制力 = 自我控制 = 自我表达

这个公式的前提是：自我认知的培养能够创造机会，使我们更好地了解自身。这一过程中，我们减少了对自身的不确定，拥有了更多的自我肯定、自制力和自信。的确，自信必须与准确的自我认知联系在一起；它必须与实际情况保持一致。掌握实际情况是正确认识自身的技能和能力。

公式的另一个前提是：当拥有更准确的自我认知和逐渐增强的自信心时，我们就不太可能冲动行事，不太可能以破坏自身或人际关系的方式行事。当能够感知更多的情绪时，我们便能够理解所感、所思、所做、所说和决定之间的关系。这是一种特殊的观点，称为情绪自我认知。通过洞察我们的情感生活，并有能力用最合适的词语（称为情感素养）来描述情感，我们能够更好地进行自我控制。这个过程非常有趣：它表明了解你的感受及成因，然后正确地把这些情绪归类，这些技能实际上可以提高一个人的自我控制能力，并能够更好地控制潜在的、破坏性的冲动和行为。所以，知识产生权力（当面临不可避免的工作和生活压力时，这种权力是在控制之下的）。

如果能够通过自我认知，在自我了解、自信和自我控制间合理地建立联系，那么这些相互依赖的因素有助于培养优秀的自我表达能力。言语上的自我表达能力包括有效地交流和建立更稳固的人际关系。当人们能够以易懂和易接受的方式来表达其想法时，他们可以培养信任感并增强其亲和力，使他们处于强有力的位置来影响他人。

除了描述如何培养言语上的自我表达能力外，本尼斯还提出了字面表达“自我”的能力，即你的个性、个人哲学和价值观。随着自信心的增强，你很有可能开始表现出一种被称为“风度”的个人特质。他或她有“风度”，这是一种对个人非常恭维的描述，对个人培养高情商有着非常积极的影响。在他人看来，有“风度”的人具备以下特质：脚踏实地、有思想和控制能力。有“风度”的人会散发出他人所欣赏的个人品质，包括自信、坚定、可靠和可信赖。无论这个人是管理公司、部门，组织团队会议，甚至只是参与友好的对话，都能通过表达“自我”来赢得他人对个人的信誉和真诚的敬佩。

倾听你的心声

本尼斯的公式提倡先了解自身，以丰富、启迪和扩充自身形象。该公式将自我认知和更强大的自我控制联系起来，最终对他人产生更大的影响。花时间倾听我们“内心的声音”可能看起来很任性，这种精神锻炼可能更适合在宗教环境中或者至少在我们的私人工作时间内进行。但实际上，倾听“心声”是一项非常重要的职业发展活动，它能够将你与情感和价值观联系起来。它与下列行为紧密相关：增强商业直觉，做出正确和更道德的“直觉”决定，以及成为更让人信赖的管理者。心声的探索可以让你成为一个更好的听众，更了解其他人的想法，包括工作中占据你大部分时间的内部团队或外部客户。

越坚定不移地聆听内心的声音，你就越能听到外部世界的声音。

——前联合国秘书长 达格·哈马舍尔德（Dag Hammarskjold）

感受内在价值观需要你进行自我探索，并有兴趣考虑哪些是你在职业生涯和个人生活中会优先考虑的。以下是一些方法，能够明确你的价值观和“内心声音”：

• 花时间思考。无论是通过冥想还是独自思考，偶尔与环境和紧迫的压力源断开连接，并感受你是如何感觉的、你感觉到了什么，这种方法是非常有用的。呼吸练习或其他放松技能可以帮助你优化这种自我反省的过程。

• 写一篇称赞自己的文章。这是一个常见的明确价值观练习，可帮助你确定自己的优势和优秀品质。这种练习可以增强你的自信心，让你关注你认为值得加强的个人特质。想象你在某个年会上获得一个特别奖。选择一个年会的假想赞助商（它可以是一个真实的组织，例如一个真实存在的职业协会；它也可以是虚构的，例如“软件顾问管理协会”）。你可以写一篇介绍你自己的演讲词，并撰写你的获奖感言。充分享受这一练习！

• 记下你钦佩的管理者的事例。想想哪些管理者曾经启发过你，不管他们是在哪个领域：政治、经济、精神、就业或职业。简要列出这些管理者的事例，他们的哪些管理风格和人际交往风格吸引了你。这项练习迫使你去思考：什么对你来说是最重要的，以及管理价值观有多么重要。

• 写下你的个人“信条”，用“我相信……”陈述。这个练习让你专注于你的个人“导向系统”，包括你的核心理念和价值观。这个“导向系统”为制订个人使命陈述奠定了基础，它是一个自我导向的指南针，是以你的个人目的和目标为基础的。

• 进行信条对话。当信条形成时，它会以一种动态的、积极的方式来影响你的行为和个人决策。当面临选择或决策时，你可以问自己这些选择和决策是否符合你的基本信念和价值观。例如，在你遇到道德困境时，花点时间问问自己，这会帮助到你：“我现在的行为或者我的选择是否符合我的个人信条？”或“在这时候，我钦佩的管理者会怎么做？”

进行准确的自我评估

“心声”练习和其他方法让你清晰地明确你的价值观、信念、感受的成因。除了这些方法，你还可以采取哪些有意义的步骤或行动来对自己进行真实的评价？一种方法是持续进行准确的自我评估。如我们之前所提到的，自信心需要以事实为基础。尽可能真实地评估你的优缺点，这是至关重要的。

寻求反馈

建立自我认知过程中的矛盾之一在于：我们对自身的了解更多地来自于自己的内部判断，而非来自外部的反馈。周围人的观点可以成为拓展自我认知的宝贵资源。

研究表明，与我们的主观观点不同，他人的认知能够更好地预测我们的实际表现。我们需要鼓励自己去寻求真实的反馈。拓展自我认知有时会受到来自自身的阻碍，因为在征求并接受他人反馈的过程中，人们自然而然地对潜在的情绪冲击采取防御状态。

当我们感到压力时，当我们在特定情况或环境下感到脆弱或无法胜任时，我们可能用否认来回避关于我们的、不受欢迎的信息。这种行为虽然保护了自己，却阻碍了认知自我。

我们需要他人的反馈和意见来面对自欺欺人的否认。但是有些事实如何逃过我们对自身能力和表现的认知？能够解释这一问题的病理现象少之又少。现实生活中，人有盲点。有些事实我们不希望看到（否认），有些事实我们只是看不到（盲点）。可以这么说，我们的“视力受损”。让我们用驾驶汽车这一常见例子来说明这一点。想象一下，你在倒车时会采取一切预防措施。你仔细观察了所有的后视镜，然后转过身来直接看身后，以确认这时挂倒挡并向后移动是安全的。但是，由于镜子的角度稍微调整了一些，或者由于其他原因，你在倒车时没有看到车后面躺着一辆自行车。你倒车，砰的一声，你的车把自行车轧成了一堆皱巴巴的金属和橡胶。尽管你已经按常规努力去感知当时的情况，但你无法看清实际情况。

想象一下，如果你的车配有传感器会发生什么，比如当你倒车时有物体接近汽车的尾部，这类传感器会发声提醒（如今许多汽车和运动型多用途车都备有此类装置）。你先从相同的标准预防程序开始，以评估在倒车时是否存在潜在问题：仔细检查后视镜；在倒车时你没有看到任何问题。你挂上倒挡，这时你听到了警报声。在汽车新技术的帮助下，你的认知中会被补充额外的信息。警报声提示你，可能在车后面有你没看到的东西。你迅速停下车，并下车检查。你看到的是一辆仍然完整的自行车。你避免了一个潜在的破坏性结果。

你所寻求的反馈，就像你在倒车过程中接近你无法看到的物体时，汽车发出的警报声。反馈提供了你盲点上的信息，供你参考并采取可能的行动。反馈可能能够为你提供实际情况的信息，这一情况之前通过某种方式逃过了你的认知。然后，你可以通过认知失调理论（参见第 49 页）的过程，来整合和评估新信息或认知。

从他人处几乎总能得到反馈。通常，问题只在于你能否开口问人。拓展自我认知所面临的挑战通常并不在于如何获得反馈，而更多地在于我们是否愿意寻求、理解和处理来自他人的意见。前纽约市市长埃德·科克（Ed Koch）以毫不掩饰地询问“我做得怎么样”而闻名，这是他向自己的选区问候的方式。你可以在职场中遵循这个很好的自我认知模式。你可以向“团队成员”或内部和外部客户寻求反馈，更多地了解他人如何看待你的表现和能力。

寻求反馈需要持之以恒。如何寻求更好的自我认知，以下是我们的几点建议：

• 在你所有的日常交流中寻求反馈意见。就像前纽约市市长科克的例行询问一样，“我做得怎么样”，承诺每天都了解一些关于你自己的新东西，这会让你关注于自我认知的价值。

• 多角度寻求反馈。不同的角度能够为有价值的反馈增加广度和深度。下属、同事和老板都可以为你提供宝贵的意见。反馈提供者的圈子越多样越好。在公司外寻求反馈意见时，你发现不仅仅是自我认知：你正在进行关系管理，对于你希望了解其想法的客户，你能够有机会提升他们对你的感觉。这一努力可以提高客户的忠诚度和欣赏度。

• 用反馈来确认你是否在正确的道路上。即使事情进展顺利，且你认为自己正朝着正确的方向前进，反馈也可以提供有价值的确认，以确保你的信心是有保证的。

• 记住：一分耕耘，一分收获。高情商的人对反馈的抵触情绪较少。他们认为纠正性意见有助于更多地了解自身，并通过了解自身来成长。正如我们前面所说的，一项由反馈驱动的自我评估应当树立接收反馈者的自信心，而不是削弱他的自信心。

• 深入挖掘他人的反馈。即使他人最初的反应是你的表现“不错”，你也需要深入挖掘他们的反馈，这一点很重要。“不错”可能仅仅意味着差强人意或平均水平。或者“不错”可能是对方回避回复的一种方式。所以，你可以再多问些问题，比如，“不，我是真的很感兴趣，请告诉我您的真实感觉……”你已经证明了你不抵触接收反馈意见，他人得到了提供反馈的许可，从而更愿意分享他的想法。

• 关注“盲点”。创建你自己的雷达警报系统！当你得到的信息为你开启了一个全新的认知时，将其标记为：“它为我揭开了一个‘盲点’。”这样的标注强化了这一点：不知何故，之前你看不到他人已经察觉到的事实。前面例子中的自行车就在你的车后面，但车子没有发出警报声响。你需要积极地、不懈地努力去寻求他人的反馈意见，从而减少“盲点”持续存在的可能性。

• 获取能帮助你理解反馈的具体信息。例子（日期、时间、地点、参与人员）越具体，你越能够深入地思考如何运用这些反馈意见。

我们是否应该全盘接受所有的反馈意见，并认为这就是现实情况，就像我们一直举的汽车后面的自行车例子一样呢？当然不。但是反馈总能够提供额外的信息和认知，我们可以随后对它们进行评估和整合。下面让我们了解一下认知失调理论，这一理论有助于解释处理新知识或新信息的流程。

认知失调理论

认知失调理论关注于认知之间的关系。一项认知可以被视为“一项常识”。常识可以是关于态度、情感、行为、价值等方面的。例如，你喜欢红色的常识是一种认知，你必须努力工作才能取得成功的常识是一种认知，最高法院禁止学校种族隔离的常识是一种认知。人们同时拥有大量的认知，而这些认知彼此间形成不相关、一致或不一致的关系。

如果一项认知与另一项认识没有任何关系，那么这两项认知就是无关的。如果一项认知认同另一项认知，或者彼此一致，那么这两项认知就是一致的。如果一项认知来自另一项认知的对立面，那么这两项认知是不一致的。例如，如果一个经理认为自己的行事风格得到了他人的信任，但他收到的反馈却是他不值得信赖，这两项认知是相反的，因此是不一致的。这是一种不愉快的心理状态，人们倾向于试图以减少不愉快的想法、情绪或感觉的方式行事。当我们饥饿的时候，我们会找东西吃；当两项认知不一致时，我们要找到解决不一致认知的方法。

我们可以通过以下方式解决认知不一致的问题：

改变其中一项认知，使其与另一项认知保持一致。例如，我们认为我们的公司在当地是福利最好的，但后来我们了解到街对面公司的福利更好，这时我们“改变了想法”。我们现在认为我们公司的福利很好，但不是最好的。

*改变其中一项认知的重要性。*这种方法适用于通过反馈来改变自身形象的情况。例如，如果我们重视来自另一个人的反馈的真实性，并且反馈信息与我们自己的认知相冲突，我们可能会遵从外部反馈，以解决这令人不快的不一致情况。这样做时，我们改变了其中一项认知的重要性，决定外部反馈比我们自己的自我评估更重要。

*增加一项认知来调和另外两项不一致的认知。*下面是这种解决认知失调方式的经典案例，发生在美国前总统比尔·克林顿（Bill Clinton）被弹劾丑闻的初期。总统夫人希拉里在一个早间新闻节目的采访中表示，总统是一个巨大的右翼阴谋的受害者。这是通过增加一项新的认知（右翼阴谋理论）来解释两项不一致的认识：她对丈夫忠诚的信任和他被指责行为不端的认知。

案例分析

改变会议启动策略的团队主管

案例的主角是一家医院的财务经理，他领导着一支由财务人员和临床部门负责人组成的跨学科团队。这位财务经理知道团队成员（行政人员与直接负责临床护理的人员之间）在个性和工作方法上存在差异，他认为需要通过加强联系的策略来启动团队会议。他试图通过“热身”笑话，让组内建立一个让人开怀大笑的氛围，并通过这种共同的经历让组员们更有效地沟通。但他这种幽默的尝试很少能带来他所期待的笑声。他想知道为什么，于是寻求一位同事的反馈。这位同事指出，他的幽默方式具有讽刺意味，而一些团队成员（尤其是非常具有同情心和关怀的临床工作人员）认为他的喜剧风格是有损身份和有优越感的。有了这些反馈，他不再在团队会议开始时讲笑话。相反，为了使气氛变得轻松，他找了一些杂志或报纸上的文章、头条或漫画，并避免讽刺幽默和冒犯任何人。在分发之前，他与给他最初反馈的同事一起仔细复核这些材料，以确保这些幽默材料是恰当的。

结果，会议上，他发下去的连环漫画或其他幽默的出版物让组员大笑，并使他们在会议开始时更多地参与其中。看到这个改变，他准备了一套符合会议议程的有趣漫画和动漫图书。团队成员们开始期待他的幽默感，并欣赏他的创造力。

案例讨论

这个案例的关键并不是医院财务经理存在的盲点，或者这个盲点导致他与其他人的关系出现问题。关键在于他寻求了反馈，以帮助他了解自身的问题。此外，当他根据反馈去尝试另一种行为，他得到了积极的反馈。团队成员和他一起大笑，他们被他分发的资料所吸引。他能够按照他所期望的，为员工会议营造一种轻松的团队建设基调。结果是，这些会议变得更有互动性和更高情商。

这位财务经理对了解自我感兴趣，直觉告诉他，团队成员没有按照他预期的方式回应他。由此他得到了有用的反馈，并强化了新的、明显更成功的行为。

公司组织的全方面考核认为如果公司能够重视自我认知的原始价值，并认识到反馈有助于进行准确的自我评估，那么公司可能会实施一项被称为“全方面考核”或“多方评估反馈”的发展计划。

从不同角度得到的有用意见能够极大地促进自我认知，我们需要重视他人经验的价值。在某些普遍认可方面，全方面反馈项目，鼓励个人对自己的管理能力和绩效进行评价，同时也鼓励熟人（下属、同事、老板以及客户）在同一方面使用相同评定等级对个人进行评价。通过这种方式，个人可以将他人的平均评分与自我评价进行比较，以探寻这些看法中的差异（如有），并发现潜在的盲点。全方面反馈项目的目标是帮助个人进行准确的自我评价。当然，找到自己对工作相关能力的评价与他人对我们能力的评价的差异，对我们的工作也是有益的。这项调查的结果还可以告诉你，他人可能并不认可你对自己或专业弱点的看法。而且，对于持续观察你管理能力表现的人，如果他们对你的重要管理能力表现的评价与你自己的看法基本一致，那么这项认可是非常有价值的。

我们强调拓展自我认知和寻求反馈意见的价值，而多方评估反馈调查对寻求反馈意见非常有用。得到的结果在以下情况下是最有用的：

• 评估者知道这一项目旨在扩展自我认知，是一项增强自我认知的练习，而不是一项影响薪酬或其他公司奖励的绩效考核。这些人事和薪酬因素很可能会使反馈带有偏见性。

• 评分是完全保密的，以得到诚实、客观和坦率的反馈。

• 评估者能够对被评估的个人进行有效的评价。

• 导师或培训师审阅评估结果，并将数据结果按自我认知的工具进行呈现。

我们建议管理者至少每隔一年参加一次多方评估反馈调查。

指导和培训

与我们尊重和信任的人交流自我认知的信息，这能够促进我们对“内心”的探索。经验丰富的“被征询者”能够帮助你处理收到的或正在接收的反馈或意见。

如果你只听自己的声音，你就不可能发现你“内心的声音”或你的全部潜力。

与导师或培训师建立关系可以帮助你加速自我学习的过程。尽管导师和培训师在许多方面都很相似，但他们也有重要的区别。

选择和利用导师

首先，我们来考虑导师的角色。导师经常是：

• 你之前联系过的人，最好是联系紧密或经常联系的类型。最好的导师是那些已经与你建立联系的人。

• 你欣赏的人，因为你欣赏他的经验、知识和价值观。作为你钦佩的人，导师能够为你的价值观和信仰提供丰富的信息来源。

• 你现在公司的人，尽管你可能会继续选择特定的导师，即使你们中的一个人已经离开了你们最初的公司。从你公司内选择的内部导师能够从企业文化、政治和人事方面，为你提供额外有价值的角度，这是外部导师可能无法做到的。内部导师通常处于你渴望的职位，具备你升职所需的技能。

但不是每个公司都支持或者有足够的规模或资源来为基层员工提供合适的导师。在这种情况下，我们可能需要从学校（例如以前的老师或教授）或职业团体内（如你所属的国家或职业协会）选择导师。由于导师类似于志愿者的角色，在寻求外部导师的帮助时，我们需要充分了解如何在正式和非正式情况下建立关系，以不占用导师或导师在你身上花费的时间。

导师是一个值得信赖的顾问，可以为你正面临或可能面临的情况提供丰富的经验。导师首先应该是一个老师，他们根据经验，指导你的行为和个人决策。最好的导师需要具有很高的情商。他们可以帮助你培养更强的情绪自我认知和商业直觉，并最终使你更加自立，减少对导师意见的依赖。

寻找适合你的培训方式

提供和接受培训的方式有很多。

你的直属领导可以是你的培训师，他可以帮助你在公司内成长为一位专业人员，实现绩效目标。此类培训师既有很高的价值，又有很强的实用性，因为他的意见“有可靠的消息来源”。培训师对你的工作表现进行评价，让你了解自己的优势和劣势，并帮助你制订个人绩效改进计划。你可以学习到：我的目标是什么？为实现优秀的绩效或迈向下一个阶段，我应该具备哪些具体的技能或行为？更重要的是，我如何培养这些重要的技能（以及主管如何支持这种学习）？管理者可以成为指导关键管理能力过程中的实践指导系统。此类培训的唯一限制是，你的技能培养受以下因素限制：特定公司的特定工作范围，以及特定管理者的指导能力。

另一种类型的培训师是你或公司聘请的，是管理能力、技能职业发展培训计划的一部分。此类培训师根据协商一致的目标（转型、培养或辅助）提供指导、推动和指引。

转型类培训需要改变存在的问题或不成功的沟通或管理风格。在这种情况下，你可能会收到反馈，认为你的风格不如你或公司内其他人所预期的那样有效。此类培训的目的是改变个人的沟通、人际关系或管理风格，以提高你当前工作的绩效。从本质上来说，这是以问题为中心的培训，主要关注那些引起管理者担忧的绩效。大多数情况下，转型类培训适用于以下情况：员工的工作表现在很多方面很优秀，但反馈发现某一方面存在发展问题，需要进行培训。通常情况下，转型类培训关注于人际关系敏感度、人际关系技能或情商等其他方面的问题。转型类培训案例中的管理者在技术上非常出色（但这可能不是需要转型类培训的唯一理由），受到客户的推崇，但是在执行监督职责或在团队工作中，以错误的人际关系沟通方式对待员工。转型类培训有助于解决对士气和公司绩效造成的不可避免的负面影响。

培养型培训的重点是培养自我认知的技能和能力，适用人群为刚刚上任的管理者或专业人员，或者在未来担任管理者的有才能的员工。这种支持性的学习对于新经理或升职的经理来说是非常有价值的。通过培养型培训关系建立的目标范例如下：

- 与形成新关系的人保持合适的距离，比如现在受你监督的前同事。
- 培养管理团队、解决冲突和与客户沟通联系的能力。
- 结合沟通方面的技能，培养公开演讲或展示技能，以赢得客户、新同事或上级的尊重和对他们的影响力。

辅助型培训与导师类似，区别在于辅助型培训是与一位经验丰富的高管培训师合作，当员工需要在公司中承担更多的高级管理职能时，培训师会帮助他们培养其所需的更高级的管理技能。在已有技能和未来所需技能的评估上，培训师比导师更负责。高管培训师更愿意制订书面的计划，从而培养相关技能。培训过程中可能伴随着心理测试，这是培训过程中正式评估阶段的一部分。

心理测试

全方面评估反馈会呈现给被评估者一些他人如何看待他的主观想法，而心理测试能够基于个人对问题或陈述的回答，衡量人格类型和心理类型，提供高度客观的反馈。基于你对自身的看法，你可以通过心理测试，了解一个标准化、可靠、有效的测试工具能够告诉你什么。

我们在这里要着重介绍几个心理评估测试，因为在职场中它们作为自我认知工具的价值已被认证。

迈尔斯·布里格斯性格分类法（MBTI）

迈尔斯·布里格斯性格分类法（MBTI）是一份自我报告问卷，旨在让卡尔·荣格（Carl Jung）的“心理类型”理论在日常生活中得到理解和应用。MBTI 测试将帮助你发现你的优点和独特天赋。你可以利用这些信息来更好地了解自己，特别是有潜在发展的领域。

“心理类型”是荣格提出的理论，用来解释人们行为中明显的随机差异。在对客户和其他人的观察中，荣格发现了正常行为的可预测性和不同模式。他的“心理类型”理论承认这些模式或类型的存在，并就这些类型的发展进行解释。

根据荣格的理论，人们行为中可预见的差异是由于思维方式的不同。该理论的核心思想是，当你的思维活跃时，你会进行以下两种心理活动中的一种：

1. 接收或感知信息。

2. 组织信息，并得出结论或判断。

荣格观察到两种相反的感知方式：感知和直觉。他还观察到两种相反的判断方式：思考和感觉。每个人每天都在外部世界和我们这一章强调的“内心世界”中运用这四种基本过程。荣格将对外部世界的人、事、物和经验做出的反应称为外向型，对内心世界的内心活动和反思做出的反应称为内向型。

荣格认为每个人对感知和判断都有一种天生的偏好。他还注意到，外部和内部世界对个人的吸引力是不同的。受你的偏好影响，你会对生活和人际交往发展出不同的观点和方法。

人们偏好、行为和发展的差异导致了人与人之间的根本差异。由此产生了可预测的行为模式，这一模式形成了心理类型。

MBTI测试可以为你提供有价值的见解，指导你如何在工作、在家或社区中与人互动。它是一个非常有价值的自我评估工具。我们鼓励每个人至少做一次MBTI测试，了解MBTI测试对我们的心理类型以及感知、直觉、思考和感觉方面的倾向分析。

加利福尼亚心理调查表（CPI）

加利福尼亚心理调查表（CPI）是多年前开发的一款评估工具，是动态和客观地衡量性格和行为的一种指标。CPI准确和详尽地介绍了专业和个人风格。它是专门针对职场和公司管理能力评估的一项测试。该测试为个人提供了一份详细的性格描述，通过不同类型的评分来描述性格特征，其中包括一组评分称为“社会评分”。“社会评分”包括评估：

• 社会技能和人际关系风格（例如优势、进取心、自我接纳、同理心等）。

• 成熟并规范的方向和价值观（例如责任、社会化和宽容）。

• 成就导向（例如通过顺从取得成就和通过独立取得成就）。

• 个人兴趣类型（例如心理感受性、灵活性和女性气质或男性气质）。

此外，还有13个“特别用途量表”可供参考：

• 创造性气质。

- 管理潜力。
- 坚韧豁达。
- 同时具有实践和实验维度的“操作风格”和行为。

对于评估专业人员的人际关系和管理能力倾向，其他有用的评估工具包括：

- 托马斯·基尔曼（Thomas Kilman）冲突模式工具，它能够提供以下方面的意见：管理风格的冲突、沟通和个人效能特性。
- 基本人际关系取向行为（FIRO-B），适用于想要了解以下内容的人：个人性格如何变化、个人需求如何影响人际关系，以及你与他人之间如何兼容。鉴于我们关注于职场中的人际交往能力，所以FIRO-B是一种便宜、容易完成、非常有价值的工具，它可以帮助你在这一领域扩展自我认知。

网上有许多方便的心理测试网站。我们建议你找到一个网站，这个网站上既可以测试，也可以咨询受过培训、有执照的心理学家，他们可以通过电话或面对面的方式，实时地查看你的测试结果。比如网站www.feedbackshop.com。

本章小结

扩展自我认知是一个终身的过程。它的积极影响是逐渐累积的。我们对学习的兴趣以及对自身的兴趣，使我们更容易保持自我控制、展示“风度”并与他人建立关系。如果我们认知到的赋予我们权利，而我们没有认知到的控制我们，那我们需要制订一项以自我认知为基本特征的计划，以培养更多的个人能力，并提高个人的整体效率。

扩展自我认知的方法有很多，包括：

• 通过明确能够反映你核心信念和价值观的个人信条，探寻你的“心声”。

• 寻求他人的反馈意见。

• 在自我学习的过程中，与你信任的人进行交流，比如导师或培训师，以加深和丰富你的自我认知培养。

• 做几个推荐的心理评估测试，并与受过培训、有执照的心理学家或培训师一起审阅测试结果。

为自己写一段颁奖词

下面让我向你们介绍一位我非常敬佩的人。他 / 她就是__________（你的名字）。比起简单罗列他 / 她的背景和成就，我更愿意让你们真切地感受到他 / 她，为什么他 / 她的这些品质如此令人钦佩。____________（你的名字）是____

____

____。

获奖感言

感谢你的美言。在此，我希望跟大家分享一下，这个奖项为何对我如此重要。

____

____

____

________________________________。

练习回顾：你的颁奖词告诉你什么对你最重要？你最重视的是什么？他人通过何种方式赏识你的价值和行为？

记下你最钦佩的管理者的经验

在生活中，我们会碰到不同类型的管理者：从政治家、精神领袖、运动领袖和变革推动者，到向他人传递优秀价值观或宝贵经验的人。

如果让我选择一两位对我产生极大影响的人，我会选择________

____

____________________。以下是我从这些人身上学到的经验。（至少写一条经验，但有机会你也可以记下多条经验。）

你所钦佩的管理者或个人的名字：

____________________。

经验：______________________________

__________________________。（简练总结你的经验）

解释为什么对你来说这是一条很重要的经验：

____

________________________________。

你所钦佩的管理者或个人的名字：

____________________。

经验：______________________________

__________________________。（简练总结你的经验）

解释为什么对你来说这是一条很重要的经验：

____

________________________________。

个人信条陈述：

在职场中，我相信：______________________________

____

____。

在我与家人、朋友、邻居和社区的其他人交流时，我相信：____

____

____

________________________。

为达到最好的生活质量，我相信：____________________

____

____

______________________________。

以下是我的个人使命陈述：（个人使命陈述从积极的角度概括了你为自己设定的总体目标。例如，相较于“我需要远离债务”，你应该说你会“更理性地借钱”和“实现财务自由以优化我的生活质量”。）

____

____

______________________________。

示例：全方位反馈项目评分表

说明：参照评分标准，完成评分表。（合适的空格里打√）。被测评人姓名：　　　　日期：						
我与测评人的关系：□自我评价□我是他的下属□我是他的经理□我与他平级□我是外部客户□其他						
	行为评估的评估标准					
	总是如此 5	偶尔如此 4	基本符合 3	需改进 2	非常需要改进 1	未披露或不知道 不适用
1. 即使遇到压力也不会违背价值观						
2. 能够向他人询问意见和反馈，以拓展自我认知						
3. 工作中能够在与他人建立关系中保持权威，以符合他 / 她的工作和管理职位要求						
4. 提供工作反馈的方式能够激励员工提高绩效						
5. 在工作冲突中，能够在不同意见中找到共同点						
6. 努力了解他人的想法						
7. 作为管理者，能够尊重员工						
8. 能够集思广益						
9. 能够高情商地与不同性格的人沟通						
10. 以能够得到认同的方式传递信息						

续表

说明：参照评分标准，完成评分表。（合适的空格里打√）。被测评人姓名：　　　　日期：						
我与测评人的关系：□自我评价□我是他的下属□我是他的经理□我与他平级□我是外部客户□其他						
	行为评估的评估标准					
	总是如此 5	偶尔如此 4	基本符合 3	需改进 2	非常需要改进 1	未披露或不知道不适用
11. 在合适的情况下，让团队成员参与决策						
12. 通过他 / 她的需求，敏锐地感知他人的需求						
13. 面对并解决团队中的矛盾						
14. 合理分配具有挑战性的工作						
15. 预见问题和机会，并采取行动						
16. 及时反馈员工的表现						
17. 运用人际交往技能，引领他人实现目标						
18. 在困难面前坚持不懈						
19. 建立并维护信任						
20. 关注客户						

注：这是一个简略版的全方位反馈调查，主要关注高情商管理者的 6 个习惯。它不是一个全面的调查，不是公司使用的全方位多角度反馈项。

CHAPTER 5

习惯 2：培养同理心，深度了解员工与团队

你是否将倾听技巧、生活经验和对人性的直觉结合在一起，去帮助你解读他人？在工作中，哪些技能更有价值？

——埃里克·梅塞尔博士（Eric Maisel）

《工作中的20个沟通建议》

（*In 20 Communication Tips @ work*）

第17个建议，“培养同理心”

引　言

在上一章中，达格·哈马舍尔德的一段话帮助解释了如何从高情商管理技能不可或缺的第一个习惯过渡到相邻的第二个基础习惯，第一个习惯主要关注自己，而第二个习惯更多地关注外部和理解他人。哈马舍尔德认为，探寻内心的习惯能够提高人们对“外面声音”的认识。很显然，了解自己，从而让自己更好地了解他人；倾听自己，从而去倾听他人；欣赏自己，从而去欣赏身边的人。这个过程意味着，当你能够更多地感知自己的想法和感受时，你能够更好地理解和解释你周围发生的事情。而且，你越擅长感知别人的想法和感受，你就能更好地了解需要将哪些信息传递给你的下属和如何安排他们的工作。这个过程中的技能叫作同理心。

定义同理心

“同理心”一词来源于希腊语“empatheia”或“感觉”；是能够感知他人主观感觉的一种能力。在我们的模式中，同理心的定义是：

“同理心是能够理解并有效地回应他人独特经历的一种能力。”

在这个定义中，同理心很明显包括三个要素：理解、有效地回应，以及关注他人和情况的特殊环境。下面让我们来分别看看这三个要素。

管理者需要了解他的下属。比如，管理者需要了解其下属的一些基本信息：工作要点，执行这些工作的要求，优秀的工作表现是什么样的，以及如何很好地完成工作等等。但是，这种技术层面的理解仅仅是管理者需要了解和鉴别的基本层面。根据 Y 理论，管理者至少应该了解：

- 每个员工如何为企业增加价值，如何满足公司客户。
- 每个员工的培训和发展需求是什么。
- 如何最大限度地发挥每个员工的潜力。
- 什么能激励每位下属，每个人对各种激励的反应如何。

你能看到两种理解的差异了吗？一种是更表层、“内容导向型”的技术理解（例如工作要求），另一种是更注重人际关系、“过程导向型”的同情心理解。显然，管理者可以关注的地方数不胜数。但关键在于，就像在自我检查过程中，管理者对员工的了解越深入越丰富，他与团队的关系越紧密。同理心的管理练习核心是，在工作中创造或实现更多以“过程”为导向的高情商管理。

有效应对工作中的情况也是管理他人的重要组成部分。在不同情况下做何反应，是运用同理心管理他人的关键部分。在了解的基础上，管理者可以根据个人和情况，量身定做应对方案。对情况产生同理心，意味着管理者需要努力“解读”当时的情况并做出相应正确的反应。管理从来都不是“一刀切”。

在工作中，同理心能够增强理解和回应他人的能力。同理心专注于用一种让员工感到被理解的方式进行沟通。它需要管理者能够评估员工的特殊情况：他们的内心活动是什么，他们有什么感觉，他们是如何用身体语言表现和影响，他们是什么类型的性格，他们被何种价值观驱使，等等。同理心来源于对他人的天生好奇心。管理者需要培养和发展对员工正在经历什么的好奇心，以便关注员工的特殊情况。

“同情心”和“同理心”的区别

管理者需要了解同情心和同理心之间的关系。这两个看似相似的术语的区别在于，对他人的感受（同情心）与能够感受到他人的感觉（同理心）。同情心是根据自己的经验，对他人的感受。同理心是根据他人的特殊情况，去感受他人的感受。同情心是一种观点，不是感情上的探索，与情感的联系不强，而同理心是情感上的联系。有同理心的管理者能够感受他人的痛苦、快乐、悲伤和沮丧。同情心让交流中的他人感到被支持，但并不是被理解。

了解同理心

请结合你的经验，理解什么是同理心，以及它对各种人际关系的重要性。想象你与另一个人交流沟通，你感觉：

- 这个人倾听并真正理解你的话。
- 你参与对话，而不是单纯的聆听。
- 你兴奋于双方的互动，因为它让你感到你与另一个人有互动。
- 希望与这个人有更多的交流机会。

你的互动可能已成为爱情或友情的一部分。同理心显然是能够与他人亲密互动的关键要素，因为同理心能将双方联系起来。

你的互动也可能是专业方面的。教师、学术导师、导师、医疗工作者、心理辅导者，都能在职业关系中培养同理心。他们倾听是为了服务，为满足不同类型的教育、专业、精神或医疗需求。当我们接收到他人的同理心时，我们会觉得自己的问题很重要，我们的成长或发展看起来对别人很重要，并且我们是独一无二的并被理解的。

学习同理心技能

同理心是可以学习的吗？这是一个很有趣的理论问题，可能会得到一个很复杂的答案。当然，许多发展心理学家穷尽一生研究和推广复杂的理论，这些理论关于一个人关心他人的能力、与孩子建立联系和与他人建立友谊的能力。而我们更愿意把事情简单化。我们的回答是肯定的，因为同理心是一项技能，就像肌肉一样是可以锻炼和培养的，也可以通过经常性的重复练习进行改善。补充一个重要的提醒：如果在一个人的家庭、学术或工作生活中存在同理心沟通模式，那么这将会为他带来很大的帮助。尽管临床心理学领域对父母的同理心最感兴趣，但我们观察到我们生活中遇到的老师、顾问、培训师和其他人，这些人极大地影响了我们培养对他人同理心的能力。榜样在我们的学习和个人、专业发展中扮演着重要的角色。人类倾向于“模仿”他们最看重的行为。因此，管理者要理解未来的管理者经常把他们当作榜样，尤其是员工钦佩管理者的行为和个人效率时。

同理心技能的培养需要关注以下相关方面：

1. 用同理心聆听。

2. 表达同理心。

后者需要基于前者的基础。管理者需要了解倾听他人意见的价值，以及参与和感受的价值。之后，管理者就可以关注于如何更自然、更有效地向他人表达同理心。

用同理心聆听

在生活中、在需要发现和披露信息时，去“倾听”别人的灵魂，这可能是任何一个人为他人所做的最伟大的贡献。

——道格拉斯·斯蒂尔（Douglas Steere）

用同理心倾听需要了解别人的参照标准。透过它，你可以确定他们看待世界的方式，你会理解他们的模式，你可以体会他们的感受。

——史蒂文·科维（Steven Covey）

对于管理者来说，用同理心倾听需要放弃以自我为中心的工作和他在公司中的地位。放弃以自我为中心，可以让管理者充分参与到他人的经历中。

“当选民们相信参选者把他们的最佳利益放在心里时，他们会相信并信任参选者。那些只对自己的议程、自身的进步和自己的福利感兴趣的参选者，选民不会愿意追随他。”

这种“外部导向”的核心是巧妙地倾听。它需要对外而非对内的自律和精力。管理者需要评估他们花了多少时间去讨论（通常是自我导向行为），以及他们花了多少时间去倾听（这是最常见的外部导向行为）。

现在，让我们花点时间来看看关于同理心聆听的一些关键点：

用同理心聆听的管理者不会：

• 在他人说话的过程中，大部分时间都在想自己等会儿说什么。

• 倾向于一上来就用他们的好建议来解决问题。

• 从他人的话中挑选只言片语，忽略其他部分。

• 在他人完整阐述之前，就先做出了决定。

• 把他人的话跟自己的经历联系起来，而不是尊重他人的想法或感觉的独特性。

用同理心聆听的管理者会：

• 有意识地努力去回应未被提及的东西。

• 抛开偏见。

• 与他人建立情感联系，但不会太忘乎所以。

• 给人们一个充分解释自己的机会。

• 专注于谈话而不分心。

总之，你需要更有同理心地去倾听：

“如果你能放下防备，停止心中的喋喋不休，把你的注意力转移到对面的人身上，你就会突然明白他的话和行动的意思。”

6 种积极倾听的方法

• 消除干扰。把电话设为语音信箱模式，关上办公室的门，把你正在处理的东西放好。

• 预料能够接受适当的沉默。允许在他人陈述问题、事实或感觉时保持沉默，这向他人传达了你的耐心、理解和让故事展开的意愿。

• 注意保持良好的眼神交流。这将有助于表现出你对说话人的兴趣和联系。

• 清除杂念，专注于听说话人在说什么。在讨论过程中，你需要把其他需要你关注的工作问题放到一边，让你能有效地倾听。

• 注意避免草率的判断。根深蒂固的判断态度会阻碍你对他人独特情况的理解。

• 如果你想记笔记，写下关键点即可。时不时放下你的笔，敞开心扉，倾听他人的心声。过度的记笔记会干扰你倾听，也可能会造成情感上的距离并妨碍倾听。

正如同理心的定义所述，同理心源于与他人一起感受。同理心的倾听强调要充分理解对方的情况和观点。

管理者要先把注意力放在理解上，然后再把注意力放在被理解上。在日常沟通中，我们要牢记这一优先顺序。在商业和生活中，这可能是成为一个更有同情心的人的最重要部分。

一个人在工作中练习沟通技能，如果他能够在被他人理解之前关注于理解他人，那么同理心的交流必然会发生。

表达同理心

让我们看一下如何向另一个人表达你的同理心。同理心倾听是对另一个人表达同理心的开始。当对方感到被倾听时，他会感受到你的同理心。然而，单纯的倾听本身并不能产生同理心的交流。一个人必须对另一个人的情况做出反应，以表达他的同理心，以使说话人感到自己被理解。如何运用这一重要的人际沟通技能，下面是一些我们的建议：

- 问开放式的问题。
- 放慢节奏。
- 注意你的肢体语言。
- 从过去的经验中学习。
- 让故事进一步展开。
- 设置限制。

问开放式的问题

有效的问题能帮助管理者履行监督职能。从定义上就可看出，同理心问题需要是开放式的。一个“是”或“不是”的答案无法让沟通者分享充分的信息，而这些信息有助于管理者更深入、更有同情心的回应。

提示！同理心沟通者经常使用讨论促进沟通桥梁的技能，来进入开放式结尾的问题，例如“再跟我多介绍一些”“为我解释一下”或“跟我分享”。这些面谈或提问技能为分享兴趣和经验奠定了基调。这些技能实际上把讨论从一个“问题和答案”的形式变成了更多的分享交流经验。它们使讨论变得令人舒服，因为被提问者通常认为直接的问题更具威胁性，更令他们感到焦虑。以下两种方式分别反映了你的沟通价值观：鼓励他人仅仅去分享他的经验，用问题引出直接或潜在可能的关键问题。这两者之间的区别在于前者是努力与他人沟通，后者是试图挑战别人，赶鸭子上架。实际上，这些沟通桥梁能够引出更好的答案，并帮助管理者更好地理解情况。这是一个很好的同理心沟通习惯，你可以在生活中的各个方面用到它。它真的有用！

放慢节奏

表达同理心是需要时间的，职场中不能总是满足这种放慢速度的需要。对工作时间的要求可以是占主导地位的。管理者经常处于繁忙的跨职能沟通和授权中，管理者和直属下属之间的沟通经常需要概括、简洁和控制时间。然而，就像需要大量信息的重要决策，管理者不应该匆忙做出决定一样，管理者也必须能够创造机会与他人沟通，并按照自己的节奏进行沟通。当一个人想要表达同理心时，不合理的时间限制会破坏交流。显然，当一个人向他的管理者发出沮丧、焦虑或愤怒的强烈信号时，为解决问题所进行的沟通交流不宜仓促进行。

提示！并非总是管理者繁忙的日程安排才需要“慢下来”，需要创造实质性的、不间断的交流来让人表达同理心。有时，这是因为管理者的下属被告知要采取更深思熟虑的方法来解决问题。如果公司内存在会产生分歧和怨恨的工作文化，一些更困难的员工可能因为不合理的时间要求而强化一个充满压力和混乱的环境。管理者可能需要不时地“停下工作”并坚持慢慢讨论，以让管理者能够运用同理心来理解和回应手头上的工作难题。

注意你的肢体语言

身体语言是个人感觉的晴雨表。当你在练习同理心时，时不时地“后退一步”，思考一下自己的身体语言信息。同理心是由情感自我认知推动的。你需要考虑：你在紧张吗（紧绷的肌肉、僵硬）？激动吗（兴奋、心跳加速）？无聊或疏远吗（不集中、昏昏欲睡、打哈欠、眼神游荡）？身体语言可以为你提供信号，让你重新重视或承认对讨论内容的情感反应。在适当的时候，你可以希望对方注意你的身体语言信号。对正在发生的事情做出身体反应，这可以促进情感语境融入到沟通中，通常会带来更好的人际关系并增进相互了解。

提示：不要做出身体语言上的性暗示，这绝对不合适。

从过去的经验中学习

我们都会把自己的经历带入到人际交往中。我们都会通过很多方式观察人的行为。一些经验和观察可以帮助我们了解另一个人在告诉我们什么，有什么可能还没有说。当我们根据以前的经验做出同理心反应时，特别是对还没有提到的东西做笔记时，同理心的力量可以很强大，它“击中”了正与我们沟通的那个人。普遍性的经验让人们很安心。

“是的，我也感觉到了”或者“你知道，我也经历过”，你并不孤单。这种真诚的经验分享能让人感到被理解。

提示！如果你选择分享你的经验或背景，以加强你的理解，请注意不要让讨论的中心焦点从另一个人转向你。分享你的过去的基本原理是强化这样一个信息：即对方的情况并不罕见，他们不是唯一一个必须经历他们正在经历的事情的人。这种支持信息是很有价值的。但把讨论焦点放在你独特的环境中就没有什么价值了。同理心练习是以他人为导向；更多的是了解他人，而不是以你的需求为导向。

让故事进一步展开

当我们放慢速度，避免匆忙的判断时，我们营造了一个让他人故事展开的环境。具有同理心的沟通者会问自己：“我听过这个人完整的‘故事’吗？我理解了吗？”这项技能需要大量的练习。的确，能够确定听到的故事完整与否，并利用这种判断来推动更深入地理解，这是一门艺术。如果所有必要的信息已被披露，大部分情况下管理者能够挖掘更多的情况，另一方或者告诉你这是全部信息，或者能提供更多的信息。但这个过程中，另一个人需要得到允许和心理空间，以扩展尚未披露的故事内容。在我们了解所有的情况之前，我们中的许多人都有一种冲动去快速地提出解决方案。我们想要增加价值，所以我们迅速抓住一个解决方案。但当我们匆忙提出一个解决方案时，另一个人会感到这个问题没有得到足够的重视和充分的理解。

提示！用沉默来评估你自己的舒适度。当我们把注意力放在一件事情上，并产生同理心时，沉默可能是对整个情况进行进一步了解的绝佳机会。不要急于打破“有意义的”沉默。

设置限制

对管理者来说，设置限制听起来似乎是个好建议，但它与同理心沟通有什么关系呢？这个问题的答案涉及运用同理心帮助他人时，关注什么东西需要被理解。当一个人的想法看起来不连贯、“分散”或支离破碎时，具有同理心的沟通者需要巧妙地应对这一问题，并让这个人回到真正的、需要被理解和回应的“独特环境”中。如果对方意识到这一点，并感激倾听者不会轻易动摇，不会被分散的想法或行为带到“偏离轨道”讨论，这时候的同理心是最强的。

提示！当信息冗杂时，以下技能可以帮助管理者在沟通中温和地设置限制：“如果可以的话，让我们在这一点上停留下或我认为我们真正需要关注的主要问题是……”

表达同理心的技能

一些技能被教育工作者、调解员、护理人员和其他具有专业责任的人广泛应用，培养优秀的同理心沟通不可缺少这些技能。事实上，在专业人员进行教学、解决冲突或护理时，这些技能已经成为他们的第二天性。管理者也应该把这些同理心技能融入到他们的工作中。

第一种表达你正在仔细倾听并且希望了解对方的方法是：复述内容。这意味着你基本上是重复或复制对方的词或最后几句话，或多或少地逐字记录。

例子：

员工	“这个项目还有仅仅一周就截止了。”
练习同理心的管理者可能边点头边说	“没错。这个项目还有仅仅一周就截止了。”（在这句话后保持沉默，但是保持眼神交流，并继续参与对话。）
员工	“我不知道我们是否有足够的人力来按时完成这个项目。”
练习同理心的管理者	“好的，所以你不知道我们是否有足够的人力来按时完成这个项目。请再多解释一下你的顾虑。”

这项技能易于使用。这种基本的方法能让人感到被倾听、理解和回应。尽管这项技能过于简单，但复述内容是很有用的，尤其是在对话的早期阶段。当你允许故事展开，复述内容并要求更多的信息（并且保持沉默，直到倾诉者分享信息）时，这能够给予另一个人“心理空间”，

这一空间能够促使他人分享更多有用的问题和细节。

下面让我们进入同理心沟通的第二阶段。这项技能需要对内容重新措辞。下面让我们按照上个例子进行练习。

员工	“这个项目还有仅仅一周就截止了。”
练习同理心的管理者	“是的，这个项目的截止日快到了。”
员工	“我不知道我们是否有足够的人力来按时完成这个项目。”
练习同理心的管理者	“所以你认为我们在这个项目上人手不足，特别是在截止日还有一周的情况下。”

对内容进行重新措辞比纯粹的复述更有响应，因为前者在回应中传达了更多的关切。这项技能可以使听者显得更投入，更愿意接受和整合讨论的内容。

同理心沟通的第三个发展阶段是情感反映。通过关注员工的情绪状态，管理者能够更接近“感受”员工的感受（同理心）。在这个阶段，第一个阶段中的例子会变成这样：

员工	“这个项目还有仅仅一周就截止了。”
练习同理心的管理者	“听起来，你担心能否在临近的截止日内完成工作。”
员工	“我不知道我们是否有足够的人力来按时完成这个项目。”
练习同理心的管理者	“我理解你没有足够人力去按时完成工作的沮丧。请让我多了解一下具体什么方面让你感到沮丧。”

在表达同理心的第三阶段，你会再次运用情商技能，这是前一章中

提到的自我认知价值的关键部分。同理心是通过选择正确的词来表达真实的感受，这些感受来源于所提供的信息以及表达的方式。情感反映是否成功是很容易判断的。沟通中的另一个人，或者能够很快地确认你已经准确地掌握了他的感受；或者可能会犹豫，也许会修改措辞来更准确地表达这种感觉，甚至完全否定这种感觉。但这种情感的反映几乎都会得到回应。即使听者所选择的感受与接受者的感受略有不同，但试图理解另一方情绪的努力通常也会被欣赏。这项技能建立了人们之间的联系，这种联系可能在更注重内容的交流中还没有出现（复述或重复内容）。

最后，同理心沟通的第四阶段需要将内容和情感联系在一起。这个阶段实质上是将前两个阶段结合起来，需要对内容进行重新表述，并反映这种感受。这项高级技能用主动倾听来确认被分享的信息，并感知与此内容或信息相关联的感受。

在以下例子中，考虑能够让员工感到被特殊理解的更多机会：

员工	“这个项目还有仅仅一周就截止了。”
练习同理心的管理者	“是的。我们接近完成这个项目了。听起来，你有点沮丧。”
员工	“我不知道我们是否有足够的人力来按时完成这个项目。”
练习同理心的管理者	“所以你觉得如果我们想要按时完成这个项目，我们的人力不足。你一定对此很沮丧。请让我多了解一下哪个方面让你感到最沮丧。”

显然，重新表述和反映情感的能力为同理心沟通创造了很好的机会。员工可能会感到被特殊理解和回应。目前这种方法主要用于更公开和多方的讨论：员工印象的实际情况，和潜在解决方案的发展。

找到共同点

同理心有助于辨别人们之间的“共同点”，尤其是那些处于冲突中的人。如果管理者能够花时间去理解冲突本质，能够“让故事展开”，并且用我们刚刚所描述的四阶段技能来表达同理心，那么管理者能够更好地揭示冲突双方间存在的共同点。

当管理者需要作为第三方解决争端时，他必须经过两个阶段，然后按顺序展开。集中于问题澄清的分化阶段是第一阶段，随后是更集中于寻找解决方案的整合阶段。分化阶段的目标是：

- 对争议中的分歧有一个清晰的认识。
- 如果不能达成一致，双方承认彼此的立场都有合理之处。
- 鼓励两种不同立场的融合（寻找共同点）。

通过分化和整合阶段，专业的冲突调解者擅长利用四个发展阶段来表达同理心，以成功解决双方的冲突。这些专业人士遵循卡尔·罗杰斯（Carl Rogers）《论人的成长》（*On Becoming a person*）一书中的建议：

“规则是：下次你处于争论时……暂停争论。‘每个人只有在准确地说出前一个发言者的想法和感受，并得到其认可时，才可以说出自己的想法。’你知道这意味着什么。这意味着在你陈述自己的观点之前，你必须真正达到对方的参照标准，去理解对方的想法和感受，这样你就可以为对方总结他的观点。听起来很简单，不是吗？但如果你尝试一下，你会发现这是你曾经尝试过的最困难的事情之一。然而，一旦你能够了解对方的观点，你自己的观点将会被彻底修改。你会发现在讨论中产生的情绪、减少的差异，以及那些仍然是理性和可理解的差异。”

那么目的就不是“得到一个观点”，目的是为了确保争议双方能够理解彼此。这个情况下，相互澄清立场的过程已逐渐演变和成熟（在大多数情况下，这发生在初期阶段），各方能够处在更有利位置上，在他们的争端中开始寻找共同点。

具有同理心的管理者

管理者如何在领导角色中表达同理心？在管理者角色中，“培养同理心”的例子实际上数不胜数。当然，在所有这些日常领导的情况下，同理心是这样表达出来的：

- 当管理者领导个人和团体或团队会议并寻求他人的意见时，同理心促使管理者由衷地希望能得到意见反馈，同时同理心可以帮助评估整个团队中响应的相同思路或趋势，并基于这些相同思路帮助团队相互理解。

• 在变化期间或在快速和重大的过渡时期，具有同理心的管理者会为他的员工把脉。当改变无处不在时，管理者会试图理解员工如何应对。当然，管理者也需要衡量未来短期和长期的焦虑水平。这些理解可以产生一些合理的管理决策：召开更多的员工会议；发送更多的电子邮件或广播语音邮件，以使员工了解更多信息；与员工进行一对一的会议，以减轻个人的恐惧；在办公室里迅速驳斥任何不必要的（通常是不真实的）关于未来变化的猜测；能够留出时间给员工。

• 绩效考核的目标是激励员工达到更高的绩效水平。一个具有同理心的管理者会试图理解员工在考核过程中的感受，并通过这种理解来进行绩效评估，从而产生管理者所期望的反馈分享结果。

• 考虑特殊请求时，同理心可以帮助管理者阅读一些情况，比如特殊请求应该被视为“特殊”。“这技能能够帮助管理者理解偏袒和对特殊需要做出反应的区别。”

这些只是培养同理心的例子。在现实中，当管理者与他人沟通或思考如何让他们的团队达到最高水平时，他需要随时练习理解和反映他人的特殊情况。同理心是一项重要的沟通技能，扎根于以人为本的管理风格中。

本章小结

同理心是一种品质，它以自己以外的、他人以及他们的感觉和需求为导向，同理心是一项以关心他人为特征的技能。具有同理心的管理者往往擅长更深入地了解他的员工和团队的情况，对于具有同理心的管理者来说，他们关注于理解情况，关注于希望被理解或想了解对其看法的员工。倾听技能是同理心的核心。高情商的管理者能够倾听，而且他们把倾听放在优先的位置。他们把头脑中的杂念都清除掉，给员工提供情感上的存在和“心理空气”，以表明他们重视所听到的东西，他们愿意花时间去了解员工的意见。高情商管理者能够很好地解读情况，这基于他们对了解他人参照标准的兴趣，来了解其他人看到的情况是什么样的，这样他们就能更好地了解情况。

管理者运用技能来帮助其他人了解他们自己。

对于看事情首先从自己角度出发，从“这个情况如何影响我”角度出发的人来说，通过练习，能否把同理心变成一种习惯？我们相信同理心是可以通过学习养成的习惯。培养同理心有一些技能，当你有规律地练习时，你的沟通方式会慢慢地变得更有同情心。

培养同理心沟通习惯的最有效方法是：

• 问开放式的问题。

- 放慢节奏，让故事展开。
- 注意你的身体语言。
- 从过去的经验学习，并熟练地运用到现在的情况。
- 当事情变得过于分散时，设定界限。
- 通过复述内容和反映与他人互动的感受来表达同理心。

实践练习

让你的下属在你的办公室见面，讨论一个项目的更新或一项任务的状态。

在你开始会议时，问他一个开放式的问题。这个问题可以是与任务无关的，也可以是与任务相关的（你的选择）。可能的例子包括：

“（人的名字），跟我讲讲，在我们正在经历的所有变动中，你是如何坚持下来的。”

或者

“在我们开始之前，我想问下完成这个项目最具挑战性的部分是什么？”

仔细听对方的回答，使用本章讨论的技能来练习同理心。尝试表达同理心的不同发展阶段：复述内容，重新表述内容，反映感受，思考哪些事情可能还没说。然后，总结对方说过的话，并要求对方确认你的总结是准确的。继续这种沟通，直到相互理解为止。

继续讨论项目。问尽可能多的开放式问题，从而收集数据和调查了解对方对项目现状的想法。用心倾听，允许员工解释，让“故事”展开。需要再一次强调的是，练习高级的沟通技能，复述内容，反映你的感受，总结讨论的要点和今后的行动计划。从你的员工那里得到确认这个总结是准确的，并且这个计划是有意义的。

练习回顾

在回顾管理者如何在职场沟通中培养同理心时，专业的管理培训师可能会问以下全部或部分问题：

• 你是如何建立一个可以进行同理心沟通的环境的？

• 对你来说，仔细和不带批判性地倾听有困难吗？你是否发现自己想立刻得到一个解决方案？你是如何应对这种“快速解决”的诱惑的？解释一下。

• 有什么方法可以让你理清思路，从而让你集中精力去理解并有效地回应对方?

• 存在你需要保持沉默的时候吗?你如何看待允许一段适当的沉默?你如何在沉默中继续展示你参与对话的能力?

• 你针对听到内容的总结是否符合对方的想法?当你问到你对他的观点是否有针对性的时候,员工的反应是什么?

• 在沟通过程中,你"读到了"对方什么?你和他分享了什么?

• 在沟通中,你花了多少时间在交谈上,花了多少时间在倾听上?根据经验,80∶20 的比例是比较好的。

CHAPTER 6

习惯 3：遵循“黄金法则”，打破管理困境

为激励我们的下属达到最佳的工作水平，我们需要不断地提供培训，增强那些我们自己也需要的管理能力。

——珍妮特·加朗（Janet Gallant）

引 言

“6个习惯”金字塔基础层面上的第三块实际上很难与它左边的“培养同理心”区分开。事实上，我们将要描述的技能在前一章中已经提到过好几次了。它包括真正了解另一个人的参照标准，更好地了解一个人和这个人的独特环境，换句话说，第三块地基需要同理心。同时，第三块地基与同样处于基础层的扩展自我认知也是相关的。把自己放在别人的参考标准中，管理者需要能够识别出自己对一种情况的反应，需要能够评估和标记自己的感受。管理者需要将三项基础技能真正地融合在一起，这些技能指导管理者更好地了解自己，并利用这些认知来关注和理解他人，然后将这些观点转化为行动和个人决策。

令人赞叹的是，人类已经发展出一项真正普遍适用的高情商“黄金法则”。这项法则可以总结在以下的简明原则中，这是由古代犹太学者希勒尔（Hillel）在公元一世纪提出的。

“你讨厌的，就不要向你的邻居施加，这是法律。”

希勒尔的见解之美在于信息本身和信息内在的简单性。在培养管理能力方面，它告诉管理者：“以你希望得到对待的方式来对待别人。这就是你要学习的。这样做，事情几乎都会很顺利。”

它如何适用于世俗商业的混乱世界呢？许多公司和主管认为黄金法则以一种基本的方式适用于商业世界。客户服务决策显然源自这一基本原则，当需要回应公司所有重要客户的询问或投诉时，这样问自己是很有用的：“如果我处于客户的位置，我想要什么，我认为什么是公平的，我想怎样被对待？”詹姆斯·潘尼（J. C. Penney）将黄金法则作为公司的主要经营宗旨。他喜欢说：“黄金法则依然是黄金。”制药行业的一位著名高管尤因·考夫曼（Ewing Kauffman）坚信，将黄金法则应用到公司的管理中是非常明智的：“这是一种很好的商业实践。”玫琳凯化妆品公司也常常实践“黄金法则管理”。

如果你同意这一点，高情商管理技能在管理他人方面至关重要，那么在人际沟通方式上，黄金法则无疑是最重要的。黄金法则是最基本的信条，它帮助你如何与他人沟通，以及你如何做出影响你周围人的决定。

4种我们都希望被对待的方式

遵循黄金法则的关键是什么？每个人都希望被怎样对待？4个核心价值观脱颖而出。

1. 尊重他人

在人际交往中，对他人的尊重体现在很多方面。尊重的主要表现之一是对公司不同级别的人都礼貌相待，在各种沟通交流中都很礼貌。别人不礼貌时，你不讨厌吗？当别人通过不礼貌的行为不尊重你时，难道你不会觉得无法交流吗？但同样重要的是，尊重也可以表现为倾听他人，同理心的倾听是尊重他人的表现。此外，Y理论管理者在实践中会表现出尊重：通过委派工作和分享权利，Y理论管理者接受他人的观点，并愿意向他人学习。尊重他人会让他人也尊重管理者。高情商的公司会营造相互尊重的文化。

人们对自己是否得到尊重有很强的直觉。我们发送和接收的信号有很多，这些信号传达了尊重的程度。以下都是尊重他人的表现：保持良好的眼神交流、倾听并不打断对方的话、在问候中迅速伸出手、避免伤害或侮辱的言语或行为。

2. 显示公平

做正确的事而不是权宜之计，这么做很困难，但却值得去做。黄金法则的前提是，判断公平的最好方法就是换位思考。“如果我在他的位置上，我会有什么感觉？”“如果我穿着别人的鞋子走一天，我的反应会是什么呢？”换位思考能够提供更多有价值的观点。管理者经常跟我们分享，在他们考虑过黄金法则对行为的影响后，他们还是继续做了这个决定，因为本质上这个决定是公平的，管理者已经考虑了所有的东西。通过换位思考的方式来预测其他人的反应是有意义的，也是做出最终公平决定的一个重要过程。

3. 言行一致

没有什么比“不诚实”的标签更能毁掉管理者的名声了。拥有诚实名声的管理者可以使他的事业迅速发展，而撒谎者的标签则是非常有害的。人们钦佩有诚实标签的管理者，相反，欺骗对人们来说是一种侮辱。谎言会以难以修复的方式损害人际关系。每个人建立信任的速度不同，但是当被背叛时，信任会以非常快的速度恶化。

诚实与黄金法则有着明显的联系。简单地说，人们期望别人对他们诚实，并且愿意对别人坦诚相待。

4. 包容多样化

当今职场中的人有着不同的文化、种族、性别、社会和家庭背景，这些差异造就了他们的价值观。正如我们本章前面所讲的，价值观在不同的文化中有重叠。具有广泛不同文化背景的团队仍然被许多共同的价值观联系在一起，通常这些共同的价值观是最重要的，比如遵循黄金法则的原则。但在组织或团队中，由于成员的认知不同，对刺激源的特定反应可能会有所不同。不同的背景和观点显然会影响人们对情况的反应。对于拥有多元化背景的员工的管理者来说，一开始可能会在“换位思考”和了解不同文化背景的参照标准上遇到问题。管理者可能在了解别人希望如何被对待上遇到困难，除非他能很好地理解双方存在的文化和行为差异。那么，不同背景的人能够为团队或管理者带来不同的文化或差异，管理者应该怎样做才能更好地理解他们的参照标准呢?

当然，解决这个问题第一步是培养同理心，保持理解和回应他人独特情况的开放性（我们对同理心的定义）。在进一步了解不同文化背景的员工时，你可以问很多开放式的问题。询问人们对管理者和个人都经历过的事情的反应，以评估这些看法的差异。例如，在与客户交流之后，简单地问一下：“在您的印象中，我们对客户反映的解释如何？”或者如果你们俩都参加一个演说，你可以问：“您今天对培训师有什么评价？他是怎么教你们的？”通过激发他人的观点，你可以了解他人如何过滤信息，对行为刺激做出何种反应，并在公司环境中如何认知事物。

案例研究

根据可用的资源和项目执行周期，一家软件开发公司的开发人员会从一个项目调到另一个项目。项目团队主要由开发人员组成，项目领导帮助项目团队去了解客户的需求、项目的时间线和最终的交付成果。项目负责人对项目团队进行监督，然后向“业务线”主管提供意见，帮助完成对开发人员的绩效评估。

罗宾（Robin）是这家公司的一名开发人员，他有亚洲血统。他是一个非常有才华的开发人员，技术扎实而且很聪明，并且能和同事们以及他的“业务线”主管汤姆很好地相处。但他在一个项目上遇到了困难，这个项目由莉迪亚（Lydia）领导，她有拉美血统，大约一年前加入公司，是一个经验尚欠的项目负责人，在此之前她在几个项目上做临时顾问。她和一个重要客户关系很好，以前曾领导过这个客户的项目。

罗宾被分配到由莉迪亚领导的项目上，罗宾和莉迪亚就如何正确完成这个项目进行了激烈的讨论。罗宾忽略了莉迪亚的意见和指导，做他认为正确的事，即使莉迪亚可能不同意。罗宾在其他三个项目上都没有如此行为，而这些项目的负责人都是男性。

比如在一次电话会议中，这个会议由莉迪亚主持，并由罗宾和一位客户参加，客户注意到莉迪亚和罗宾间的消极气氛，便请客户关系经理注意这一点。这一信息随后被分享给汤姆，罗宾的“业务线”主管。

作为罗宾的“业务线”主管，汤姆应该如何解决罗宾的表现问题?

案例讨论

根据我们的经验，公司在解决这类人际关系问题时，会将遇到问题的两个人分开，这样他们就不会把自己的人际问题暴露给客户。或者，公司可能会尝试一种更强硬的方法，让两个人坐下来“给他们下最后通牒”，让他们找到一种能够更好合作的方式。“最常见的情况是，在这种对抗的潜在影响下，最容易受到潜在影响的人往往是地位更低的一方。”

罗宾和莉迪亚冲突的核心问题是用“分开他们”还是“给他们下最后通牒”来解决。的确，目前还不清楚冲突的性质是什么。也许管理者可以通过探寻文化上的细微差别来了解冲突的性质，而不是把罗宾的行为看成是单纯的逆反甚至是病态，管理者可以换位思考问自己：“我希望我的上司能做些什么，以此来更好地理解我对莉迪亚的反应？”换句话说，如果你的上司努力去了解事情的真实情况，而不是立即采取“好好干，要不走人”的解决方法，你是否会感激他？我们中的许多人会感激。如果我们运用黄金法则的信条，至少采取与强硬方法（“你需要改变你对莉迪亚的态度”）结合的方式，去探究是否存在文化差异问题，“态度不好”是关于什么方面。如果换位思考，我们会欣赏这种方式。通常，这种理解可以让员工将自己的行为视为一种自我保护行为。在强硬的方法下，特别是存在文化差异的情况下，两个人的矛盾可能会加重。未来发生问题的可能性并没有消失，如果有的话，因为挥之不去的积怨，发生问题的可能性会更大。

重视人的差异

在评估员工和工作问题时，管理者应该采用更广泛的参考框架，即相同的情况产生不同的观点是有价值的。对于一种情况来说，相同的观点本身就具有局限性。在评估某事物时，狭窄的观点可能会导致盲点。群体思维并不能为创造性和战略性讨论提供新的信息。缺乏多样性的团队往往会停滞不前，无法探索令人兴奋和有用的替代方案。所以，如果管理者开始了解下属的参照标准，并认为差异是有价值的，即使他不能完全理解，管理者也会产生需要培养同理心的认知，同时他会换位思考自己如果感到与周围人不同时，他自己会希望管理者怎样做。

如果你会因为他人与你不同而感到烦恼，那么问问你自己：为什么会有这种反应？什么样的差异会让你有如此反应？在工作环境中，有些人专注于满足客户而不是满足自己的需求，对客户最大利益感兴趣，这类人到底有什么不同呢？

黄金法则为我们提供了一个坚固的参考框架，当我们不确定如何与人打交道时，我们会遵循这个模式。当我们运用这一传统原则时，我们就能更有效地控制我们的行为。我们的行为会更有目的性、更有爱心、更自信。当我们回答“我想怎样被对待”时，我们也回答了这个问题：“我该怎么做？”

在工作和日常生活中，我们都经历过粗鲁和傲慢，我们知道这些方式可能会伤害我们，并引起愤怒和怨恨。黄金法则使我们能够控制自己所能控制的事情：我们自己的行为和言语。遵循黄金法则原则的管理者能够更有效地沟通，因为他们变得更坚定，更不容易采取会使他们事后后悔的行动。黄金法则允许我们思考我们的言语或行为对听众或同事的影响。它增强了洞察力、自我控制、自律行为，当然还有更有同理心的沟通方式。

如果管理者遵循黄金法则，他的行为通常是令人钦佩的。在工作中，有效的人际关系是建立在相互尊重的原则基础上，被诚实的沟通和包容多样性的态度所支持。员工对管理者的这些个人特点会做出积极而富有成效的反应。

本章小结

以你想要被对待的方式去对待他人，这种管理方式的优点是显而易见的，但在工作中却常常被忽视。公司需要强调尊重、公平、诚实和多样化地对待他人。对于致力于提高员工技能的管理者来说，牢记黄金法则总是有用的。遵循黄金法则，并将其与高情商管理技能中的“金字塔原理”的其他两项法则相结合。培养同理心意味着你关心别人正在经历的事情，你与他人感同身受是因为你把自己置于他们的位置上，并考虑你在这个位置会是什么样子，这就是黄金法则的本质。扩展自我认知可以帮助你诚实地了解你想怎样被对待，并了解公平和个人尊重的价值。如果你能够将这三种方法结合在一起，形成一种基本的方法，指导你在工作中与周围的人打交道，那么你的管理问题可能会非常少。

自我评估：你是否认真地运用黄金法则？

用以下三种等级，为自己在以下一些关于尊重、诚实、公平和宽容的基本技能打分：

1. 相对来说，这是我的优势。我经常这么做，并感到很舒服。

2. 这对我来说既不是相对的优势，也不是相对的“发展挑战”。

我偶尔会使用这个技能并得到积极的结果，但有时我明明可以用这种技能来达到好的效果，但我没有。在这项技能上，我当然有改进的余地。

3. 我需要改进同理心技能。我不使用或很少使用这个技能，尽管有时它对我来说是有价值的。

尊　重

行　为	自我评分（1、2、3 分）
我热情地欢迎他人，并记住他们的名字	
我在倾听时不打断他人	
在提出请求或在请求得到满足后，我对任何等级的员工都会说“请”和“谢谢”	
我会遵守约会、会议和承诺的时间。当发生不能及时参加的情况，我会通知他人我会迟到，并告诉他们我大约什么时候能到	
当我做了一些伤害、疏忽或我感到抱歉的事情时，我会及时向有关方道歉	
在交流中，我会看着对方的眼睛，并保持良好的眼神沟通	
我从不口出恶言	
我总是恰当地告知他人信息	

诚　信

行　为	自我评分（1、2、3 分）
我会为了避免说出全部事实而导致的不愉快，而说假话或半真半假	
我会提供真实的反馈，无论是正面的还是负面的，对他人来说这是提高他人自我认知的方式	
我会把事实告诉我的上司，即使这个观点可能不受欢迎或者不符合我上司的观点	
在交流中，人们相信我说的话	

公　平

行　为	自我评分（1、2、3 分）
我不“偏心”或表现出对某个人或一组人的偏好	
我遵循政策、程序和既定方针	
我根据团队、部门或公司的利益来做决定，而不是对我或某个特定的人来说是有利的	
在做出这些决定之前，我邀请其他人参与决策，收集不同的观点	
在做人事决定时，我会考虑人们的真正优点、相对的价值观和经验	

包容和多样性

行　为	自我评分（1、2、3分）
我重视与自己不同的观点	
我重视与自己不同的背景	
我避免刻板的印象和偏见	
我重视文化差异，以及它们如何为公司及其目标提供有用的帮助	

CHAPTER 7

习惯 4：保持适当的界限，成功履行管理职能

做匈奴人的首领常常是一份很孤单的工作。

——韦斯·罗伯茨博士（Wess Roberts）

《匈奴王阿提拉的领导秘密》

（*Leadership Secrets of Attila the Hun*）

引　言

大型组织的高层领导工作是什么样的？会像罗伯茨博士书中所说的匈奴人首领那样，成为一份“孤独的工作”吗？某种程度上，因为阿提拉的悲剧，哈里·杜鲁门（Harry Truman）在他的办公桌上放置了这个著名的标语：

“责无旁贷。”

管理者感到孤独，是因为有些决定不能与同伴或更高级别的人分享。许多重要的决定都只能由管理者自己来做，而这些重要的决定可能需要外部的帮助。然而在向同伴或导师寻求支持方面，相较于更低级别的决策者，高层管理者并没有优势或机会。在收集所有不同的意见后，管理者往往在情感上是孤独的，因为他们需要负责做出最终的选择，这些选择会影响公司的战略方向。

高管需要避免影响与公司内其他人的关系，“高处不胜寒”模式具有这种功能。高管们认识到与下属保持适当的个人界限的重要性，以此作为维护权威的一种手段。因为公司中的每个职位都要向高管汇报，所以这种孤独感是可以理解的。

尽管这一界限问题与首席执行官非常密切，但所有管理者都遇到过需要加强自己在特定群体中的领导角色的情况。本章中，我们将了解保持适当的领导界限的重要性，并讨论这项技能如何有助于管理者公平、负责、成功地执行监督管理职能。

健康的界限不等于留有疏远和脱离

在本章中，我们将讨论个人界限的重要性，但保持界限并不妨碍管理者与其团队联系、参与和交流。在适当的个人界限下，管理者不仅有能力在需要时行使权力——包括设定界限，还可以通过授权、指导和其他为员工提供发展机会的方式来激励下属。在讨论适当的监管界限时，我们并不提倡将管理层孤立或以高傲的态度对待其下属。事实上，有效管理的矛盾点在于：在管理下属方面，最好的管理者是最不死板和强硬的。拥有最好界限感的管理者通常是易于员工接近的，但员工们也知道这种接触是有限度的。在适当的界限下，管理者已经将信息直接或含蓄地传递给他人，哪些行为和内容是恰当的，而哪些可能是“越界的”。

管理者面临的挑战之一就是做出被认为是公平的判断。作为黄金法则的关键要素，公平是一项卓越的领导品质。有时候公平的决定是非常明确的；其他时候，需要考虑一些因素。在权衡不同选择的相对价值时，人际关系会影响决策。在决策过程中，决策者本能地考虑以下几个问题：在我们可能采取的行动中，谁受到的影响最大，结果会是什么？决定是否偏向有利于某个特定的人或群体，而非另一个人或群体？对于这个决定的反应是什么？我准备好应对这个反应了吗？我应该避免哪种反应呢？在这一评估中，管理者需要特别关注上述这些问题，并且意识到不同的决策会产生不同的影响，而这些最终会影响到组织或公司的利益。重要的是，管理者要认识到自己所做的决策不能受到非工作因素的影响。管理者不能厚此薄彼。管理者不能做出对自己或亲近的人来说是正确的决定，这种决定对公司来说是错误的。在肯定这种有效的管理习惯的同时，我们认为影响监督职能的私人关系会严重损害管理者的公平性和客观性。

根据定义，边界线是两个或多个实体之间的分界。它显示了一个实体的所有权或终点，以及另一个实体的所有权或起点。公司中人与人之间的“界限”不像界址线或栅栏是有形的，公司中人的“界限”不仅仅包括人与人之间的物理空间（尽管这也很重要）。相反，公司中的“界限”在承担角色和行使权力上高度敏感，这些敏感问题影响个人与公司其他人的关系行为。监管界限的概念意味着，当一个人的角色包括管理绩效、提供反馈、培训和指导以及招聘、解雇、升职等人事决策时，那么在担任此角色的人和被这些管理活动指引的人之间需要有一个清晰的人际关系界限。这种界限是有效领导的核心。

明确的个人界限

下面让我们首先讨论一些管理者明显违背界限的例子。这些情况都是在职场中发生的非常不合适的人际交流或人际行为。这些情况不需要“去判断”；它们绝对不合适，在任何情况下都必须避免。这类情况的发生不仅会损害管理者的权威，还可能使公司受到负面宣传和严重并昂贵的诉讼风险的影响。

我们经常听到关于职场和管理者界限违规的例子。这是为什么？主要是因为：

1. 由于个人判断失误导致此类事件发生；

2. 个人有时自我控制能力差，冲动行事；

3. 事实是这是伪造的新闻。整个社会倾向于被人类判断的脆弱面所刺激。

以下这些新闻会让我们感兴趣、好奇或密切关注。一所知名研究型大学的高管承认酗酒，与学生发生其他不恰当行为，并引咎辞职；一位受人尊敬的公众人物与一位女同事关系亲密，正在接受性骚扰调查，他被警方抓到夜晚潜入这位女同事的家中，企图偷走她的私人物品。

然而，公司一直都在应对公众对管理者侵犯个人隐私的争议。值得注意的是，职场是各种行为的缩影。这种行为包括非常健康和富有成效的行为，也包括非常自我毁灭的错误行为，或者至少是极其轻率的行为。事实上，职场中存在“越界”行为，而且在很多情况下发生在管理者层面。不幸的是，当这些行为不受约束时，公司需要承担大部分责任。

管理者必须避免：

• 与直属下属恋爱。

• 与下属（特别是异性员工）进行明显带有性暗示的沟通，包括交谈、电子邮件或其他沟通方式。

• 与下属交谈中，对不同种族、宗教或文化带有文化仇恨和贬损。

• 向直属下属借钱。

• 参与非法或不道德的活动或行为。

与直属下属恋爱

简单地说，管理一个与你有感情关系的人，特别是如果这段关系对团队中的其他人隐瞒，这种关系是绝对不能接受的。这种关系对下属、公司和相关管理者都是有害的。因为在这种行为中存在欺骗和不可避免的不诚实，管理者被迫口是心非。这种关系不可能永远隐瞒下去，当关系暴露时，就像通常看起来的那样，管理者做出的决定和过去做出的决定都被这种浪漫关系的存在所影响。性骚扰诉讼的风险是巨大的，这使得相关管理者和公司都处于危险之中。管理者可以关注精神治疗医师的道德标准，该标准禁止医师与患者发生任何恋爱关系。对于管理者而言，其基本原理与治疗师的是一样的：当适当的界限被越界时，所有后续的交流都会受到影响，而在个人职业角色中有效的能力也会受到影响。

与下属（特别是异性员工）进行明显带有性暗示的沟通，包括交谈、电子邮件或其他沟通方式

这种行为最恶劣的例子是对下属做出不合适的性行为。在职场中，传播低俗的笑话、图片，或信息不合适的行为。与禁止与员工恋爱一样，这种行为将管理者和公司置于严重的法律风险之中。

这里提到的界限或设置限制不仅仅是由于这些行为涉及法律风险。那些目睹了管理者此类性骚扰的员工会开始觉得管理层纵容了这种行为，这可能会导致团队中缺少纪律和尊重。此外，下属可能会感到失望，或对管理者的判断感到不信任，这可能会影响管理者的管理能力。

与下属交谈中，对不同种族、文化带有文化仇恨和贬损

如果管理者对一个种族的背景或文化使用贬义的俚语，这种行为是绝不能接受的。在工作场合，种族歧视的笑话是不合适的。法律后果会很严重，包括员工可能将其作为歧视的一部分记录在案。同样重要的是，有兴趣将人际关系置于优先地位的管理者如果产生此类问题，他的所有努力都会付之东流。

向直属下属借钱

有财务困难的管理者可能会向家人和朋友借钱，但管理者绝不能向其下属借钱或寻求重要的帮助。这种情况是不健康的，原因多种多样，其中一项是如果没有及时偿还可能导致的潜在的威胁或胁迫。负债也会使债权人对债务人产生情绪控制，从而破坏了负债的管理者履行其公司职责的能力。

参与非法或不道德的活动或行为

这一越界会影响管理者的诚信度。违法或不道德的行为不仅破坏了公司的价值体系，还会损害权威。例如，如果管理者在派对或社交聚会上非法使用药物，此类不健康的文化通常也发生在公司内部。类似地，如果下属意识到其管理者对婚姻不忠，并被要求在与其管理者的配偶交流中说谎，那么管理者和“为其掩护”的下属间的人际关系将会改变他们的监督管理关系。显然，如果把下属置于道德困境中，管理者会面临丧失信任的严重风险，并失去通过共同价值观来激励员工的手段。

保持适当的身体界限

管理者需要避免“老生常谈”的个人越界，但本章同时是想帮助管理者建立判断技能，以避免可能削弱有效管理的利益或人际关系的冲突。这种判断是一种经验和意识，是关于允许个人关系凌驾于管理权威之上的缺点的认知。了解自身和冲动或自我毁灭行为的潜在诱发因素也是培养判断的一个重要组成部分。

管理者和他的直属下属间可能发生潜在不明确的界限情况，身体接触是一个很好的例子。在公司中，员工间的身体界限是很重要的，尤其是当这种身体接触是发生在不同级别的管理层和异性之间时。在与员工的交流中，管理者可能会在如何保持符合角色的身体界限时遇到困难，在为他们提供培训时，我们可能会要求这些管理者提供他们对以下三个例子的区别和细微差别的看法，这些例子都是关于工作中人们之间的身体接触：

- 简单、简短的握手。
- 鼓励性的轻拍后背，或手臂轻轻绕在下属的肩膀上。
- 按或被按颈部。

社会习俗决定了商务式握手中固有的礼节和尊重。因此，握手大部分情况下是合适的，即使是在不同的性别之间。然而，其他身体接触的行为（如背部的单臂拥抱）的界限就变得比较模糊。在不同性别之间，这种行为属于“不太合适”的范围。一些管理者需要一段艰难的时间去克服看似无害的、表面上健康的身体接触，因为他们相信这种身体接触能促进积极的人际关系。我们与客户讨论不同的情况，包括两性间的身体接触，并考虑到现代劳动力中的所有变量。最后，在对所有结果进行评估后，管理者们通常会得出这样的结论：身体接触是不可取的，尤其是对异性来说。即使双方年龄差距很大，或者由对方开始身体接触时，身体接触也是不可取的。

一旦得出这一结论，在工作中给别人按脖子就是一个“无须大脑思考”的例子：如果管理者需要对轻拍背或单臂绕肩持谨慎态度，那么按脖子怎么可能是合适的呢?

总而言之，在当今工作场合中，管理的法律和道德现实要求管理者对与下属的任何身体接触行为进行区别。身体接触是一种非常私人和性暗示行为。由于个人性格、家庭内部的亲密程度以及其他因素，每个人对身体接触的反应不同。管理者不应该让自己牵扯入任何性挑逗的身体接触中。

参加工作场所以外的社交活动

在工作场所外的聚会上也可以测试界限。比方说，一位主管被要求在工作时间参加一个退休派对，派对上不会有酒精饮品或其他外部影响因素。对管理者来说，参加这个聚会不仅是合适的，而且也是团体管理的一部分。它类似于以商务形式跟下属握手。

下面让我们来讨论下主管被邀请去参加一个由下属主持的周末聚会。管理者决定不参加，因为他可能会处于不利的处境，比如目睹酗酒或其他类似行为。管理者是否建立了健康的，甚至比较保守的界限?或者他是否对不合理的担忧反应过度?毕竟如果他对看到的感到不舒服，他可以离开聚会。避免参加聚会可能会让同事们产生管理者冷漠和高高在上的印象，这种情况也会带来问题。管理者的界限在哪里?一些管理能力顾问建议高管们不要在下班后和下属参加任何社交聚会，认为这会让管理者处于不利的位置。我们主张以下几点：如果你判断，最好的、最礼貌的做法是去参加一个下属的聚会，找一个现成的借口，告诉聚会主人你为什么要很快离开。老板应该是第一个离开聚会的人。这种方法效果很好，通过参加聚会，管理者表现出团队意识，但在聚会开始不久就离开了，这样人们就可以“放松下来”，如果他们愿意的话，也不用担心老板会看到他们。这是一个双赢的局面。

随着管理者升职，这种决策变得更加突出，而且往往更加困难。所以，“做匈奴人的首领往往是一份孤独的工作”。

就像颈椎按摩等接触在工作场合中是一种不恰当的身体接触一样，也有一些情况会潜在危及管理者的领导界限。一个夏日的周末，管理者被邀请跟他的下属们一起去海滨别墅度假，他需要判断这样的情况是否会导致自己权威性有害。所以管理者很难找到任何理由去接受这样的邀请，这种情况下个人和工作的界限可能会受到严峻的考验。这个例子以及无数类似的例子提醒管理者减少“划界限”。把个人生活和工作联系在一起绝对不是一个好主意。

工作的社会属性

在职场中，管理者必须关注并重视工作的社会性质。亲密程度、友谊和亲昵的行为是使人们共同工作的通常和必然结果。毕竟，大多数人与同事相处的时间会比家人还多。工作中亲密的关系有时会产生负面影响。员工把时间花在个人问题上，而不是专注于自己的工作。但根据我们的经验，情况并不总是如此。在很多职场情况下，亲密关系能够使员工们变得紧密，从而促进团队协作和相互信任，而最终的结果可能是非常积极的。在一些对职场的研究中，受访员工表示，当他们觉得老板是其朋友时，他们的士气和生产率会更高。事实是，在某些特定情况下，团队成员和团队领导之间的紧密关系可能有助于公司发展，而在其他情况下可能使界限模糊。

管理者应该与其团队保持何种亲密程度，制订判断的标准是相当容易的，但在实践中会更困难。这需要管理者问自己：

- 我与团队的亲密关系是否还能让我管理他们（提供指引、设定目标、培训、决策、绩效评估等）？

- 我应该避免哪些会模糊管理界限，并使我无法进行有效管理的行为?

- 我需要在任何时候保持与我管理职责相关的权威，我的团队成员是否理解和尊重这一点?

- 对于那些可能不清楚这一点的员工，我应该向他们传达什么信息，并应该如何传达?

设置合适的界限

在团队中，保持边界和设置界限是非常重要的概念。当管理者的角色和权威都很清楚时，管理者设置界限的能力会增强。如果没有必要的角色界限，管理者说“不”或建立绩效标准的能力会受到严重损害。管理高层不会忽视这些问题，他们希望他们的主管能够掌控其所分配的团队。

让我们来看一个例子，在这个例子中，由于不明确的个人边界，管理者设置界限的能力被削弱了。

案例分析

蒂姆·史密斯（Tim Smith）已被提升为一项业务的主管，他在这方面的工作经验很少。蒂娜·布莱克威尔（Tina Blackwell）是他的直属下属，她在这方面有更多的工作经验。蒂姆认识蒂娜很多年了。实际上，蒂娜是他妻子最好的朋友，也是他女儿的教母。不用说，他们经常在工作外交流。

鉴于蒂娜的经验以及蒂姆在新领域相对较少的经验，蒂姆希望蒂娜能对许多必须做出的决定进行指导。这种情况经常发生，以至于蒂娜开始自己做决定，并在事后通知蒂姆。她认为无论如何蒂姆都会问她怎么做，所以她决定节省时间，根据自己的判断行事。

然而，蒂姆被其领导发现他并不了解蒂娜做出的这些决定。在他了解到蒂娜的这个决定之前，蒂姆的上司问他为什么蒂娜在这方面单方面进行改变。蒂姆被告知其他部门都在抱怨这个决定。当蒂姆不得不对不知情而道歉时，他会因为他在蒂娜和他所在领域的疏忽而受到责备。

案例讨论

在这一案例中，管理者的问题部分来自于他愿意和一位他尊敬的直接下属进行角色互换。管理者没有设定界限，权力的界限变得模糊，管理界限也会变得模糊。蒂姆在工作之外与蒂娜的友谊，为蒂娜带来了一套与他人不同的管理决策标准。蒂娜认为她不需要遵循传统的下属沟通程序。这种情况会如何发展？通常情况下，这是一种缺乏清晰性的表现，是由于与一位亲密朋友的沟通不畅导致的。矛盾之处在于，管理者最亲密的朋友可能是工作中最难以形成明确界限的。管理者会感到不安，因为很难面对这一现实，工作中有一套不同于工作外的规则。蒂娜认为他们的私人关系是这样的，蒂姆会信任她来做决定，因为她在做决定时考虑到了他的利益。当然这种假设的缺陷在于，这些决定根本不是她的，而是她的老板做出的。

尤为困难的界限挑战

当管理者必须做出决定、沟通方向和纠正缺陷时，他们常常会面临一些问题，一些下属可能会感到失望或者持反对意见。为公司做正确的事情，这并不总是与管理者某些下属的利益相吻合。管理者在保持做出正确决定的能力时，甚至当管理者可能使一个特定的团队成员失望或愤怒时，管理者与其下属的私人关系是一个重要的变量。

在接下来的段落中，我们将讨论两种常见的、具有潜在麻烦的情况，这些情况与主管和下属的个人关系有关。这两种情况涉及管理者保持界限和设置界限的能力，并测试情商如何影响管理者责任。

管理者需要领导前同事时

当管理者需要领导其前同事时，这将考验他的高情商管理技能。管理者需要从同事的角色转换成“老板”的角色。当从以前的同事关系演变为领导与下属关系时，理想情况下双方需要有大量的沟通和“通力合作”。无论是在工作中还是工作以外，新老板和前同事之间对潜在影响的讨论会达成以下共识：哪些之前的关系需要改变，以及哪些方面可以保留。对前同事关于这种转变的情绪影响，管理者需要具有同理心。管理者需要向前同事传达一个积极、强调的信息：尽管在某些方面情况可能有所不同，但新情况也有其优势。这些优势可能包括已经存在的信任和开放的沟通渠道（这是相对于一位陌生管理者上任的情况下，这种关系会需要时间去培养）。

当一个人由普通员工被提拔为管理者时，无论在工作中还是工作以外，他的行为都需要与以往不同。在工作中，良好的判断力和谨慎的行为会起到重要的作用。被提拔的管理者当然需要注意到如前所述所有明确的违反界限的行为。但管理者也可以预见到，更多的情况会发生在“灰色地带”，在这里保持边界的判断会不那么清晰。通常，上下级关系的新边界需要提前测试。这种限制测试行为的目的是确定管理者打算如何建立他的领导角色，以及如何建立新授予的对以前同事的权力。当新上任的管理者意识到他的角色需要被测试时，这将帮助他建立稳固的边界，同时尽量减少前同事的情感伤害和怨气。

管理亲戚和其他重要的人

管理亲戚或其他重要的人是否是个好主意？在大多数情况下，这不是好主意。对于管理者来说，要维持适当的监管界限是非常困难的。只有在极少数情况下，维持适当的监管界限才会起作用。而这些罕见的例子仅仅是因为管理者和家庭成员对工作中的行为规则有着透彻的了解。他们有足够的情商去理解彼此，并理解工作中的环境与他们在工作之外的家庭生活中的环境是完全不同的。我们观察到，当组织变化将一个人推到管理家庭成员的角色中时，家庭成员需要认识到最终会有其他的安排来替代现行方案，换句话说，这种安排不是永久的。这种非永久性的感觉让管理者、家庭成员、直属下属能够更好地区分这种临时安排，每一方都知道这两个人真的不需要对他们的关系做出重大的调整，因为“这种安排是临时的”。我们建议在组内就期望的界限和安排进行健康的讨论，以建立一套“规则”和对时间的预期。

整顿宽松的工作环境

在一些工作环境下，工作氛围会变得松散和无序。员工上班迟到、早退、休长假、利用公司资源为个人使用等等。正如我们已经讨论过的，管理松散和管理界限不清甚至被破坏之间存在着很强的相关性。当下属不尊重管理者的权威时，管理者很难使他们对工作负责。

有几种方法可以解决这个组织问题。其中之一就是任命一位新主管，负责建立和设定界限。新方法通常最能够影响需求的改变。

另一种方法是利用公司管理能力培养资源来培训或指导现有管理者来重建其权威。这种重建必须从管理者开始，采取具体措施来加强适当的角色和界限。这通常包括阐述绩效预期、界限明确和工作职责，形式上既有口头又有书面。随后，管理者需要遵循这些新传达的期望。监督管理行为必须保持一致性和公平性。

这种权威的重建需要相当的努力和精力。管理者遵循设定界限的意愿将会被持续地测试，特别是对于那些喜欢宽松环境的人。但如果管理者能够有效沟通并对维护绩效预期界限保持警惕，他可能会把原本不正常的和不守纪律的群体转变成一个正常的群体。

保持适当的界限是一项“人际技能”

本章讨论的基本技能是判断和自我控制。这些技能要求管理者了解职场管理的动态，以及如何在人与人之间建立起有效的、具有权威性的监督关系。这些技能涉及到管理者在权力和权威位置上调节冲动的需要，如果不加以制止或拖延，这些冲动将导致不恰当的行为，这些行为往往会使管理者陷入巨大的困难，甚至威胁管理者的职业。

表面上来看，Y 理论管理方法和监督限制的概念似乎是矛盾的。Y 理论强调管理者信任员工能够工作努力、积极主动并进行个人成长，界限问题和限制可能看起来有点脱离上下文。在本章开始部分，我们强调了界限的建立不等于与员工保持距离或疏远员工。在保持角色界限的同时，管理者需要如何授权并让员工承担更多的责任，甚至是管理者过去习惯于承担的责任？答案在于成为一个受人信任、可依靠的管理者。信任和依靠源于良好的沟通技能，来源于清晰地传达共同的价值观，以及与这些价值观相一致的行为。因为分享权利能为企业在效率、生产力和员工发展带来最大的利益，当授权被普遍采用，作为一种谨慎的、战略性的权利使用时，管理者和员工之间的适当界限能够得到加强。员工能够认识到强有力的管理者需要始终保持其领导地位，如果权利分享的结果对公司不利时，管理者可以限制权利分享。

本章小结

管理者需要在管理者角色中进行判断和自我控制，尤其是如何与员工建立人际关系。为了保持一种能够持续发挥其权威的地位，管理者需要对与角色一致的人际行为做出判断。有些行为是永远不合适的：与直属下属的秘密恋情、带有性暗示的沟通、文化仇恨、向直属下属借钱，以及迫使下属作为共谋者进行高度不道德的行为。但在这个问题上有很多“灰色地带”：事实上，在团队中有益的亲密行为和导致边界模糊的行为模式之间存在着相当大的重叠部分。所以，对于时刻保持健康界限的管理者来说，自我认知是判断的关键。

评估你的界限

如果你是领导者，这里有一些问题来评估你在管理团队中的边界问题。注意，这些问题对于那些希望或预期将来成为管理者的人来说也很重要。

• 在工作中，你最亲近的人是谁？你和这个人之间有监督关系吗？

• 如果你对后一个问题的回答是“不”，你与哪位直属下属最亲密？

• 工作中，在你需要维护自己权威时，你的个人亲密关系是否曾经对你带来考验？

• 在与你亲近的人进行绩效评估或解决绩效问题时，你的感受如何？

• 当你管理一位朋友时，你是否有“放任自流”的情况，而在其他情况下你不会这样做？

• 你是否倾向于与你最亲近的人沟通难题（类型、风格或内容）？你有没有告诉过你的朋友关于公司内部运作的信息或更多的机密信息，而这些信息你不会告诉其他员工？

• 你是否曾经因为害怕表现出偏袒，而在工作环境中对亲密的朋友缺乏同理心、同情心或关怀？

考虑这些问题能够迫使你去思考你与直属下属的边界问题，并考虑你可能需要做出的改变。

CHAPTER 8

习惯 5：巧妙地批评，反而提高员工绩效

如果能够对能力进行巧妙地反馈，这种反馈会有益于自我检查、改变和成长。但如果使用不当，它可能是情感上的一记闷棍。

——丹尼尔·戈尔曼博士（Daniel Goleman）

《情商实务》

（*Working With Emotinal Intelligence*）

引　言

大多数管理者更喜欢“回报”，而不是“棍棒”来监督工作表现。对于错误、疏漏或其他不佳的工作表现，相较于批评或在更糟糕的情况下的纪律处分，正面激励员工的管理挑战会更小。

对员工表现进行批评所产生的管理挑战既有内部也有外部的。内部的挑战是管理者要有勇气去面对一个绩效存在问题的下属。勇气之所以是必需的，是因为挑战的外在部分：他人对批评的典型防御和情绪反应。

我们必须承认：对于绩效不佳或犯了本可避免的错误的员工来说，接受这样的信息是不容易的。除了产生防卫之外，被批评的整个过程也可能是伤人的和令人沮丧的。基于被批评者的性格和心理学家所说的自我力量——自我的内在感觉，或自我价值，被批评者会感到愤怒、焦虑、沮丧或以上所有情绪。我们把这称为批评的情绪影响，管理者可以用更高级的人际技能来进行控制。

不够巧妙地批评所带来的情绪影响

那些在工作中受到批评的员工所表现出的不满，甚至病态的行为，都可能是“情绪影响”的症状。例如，被批评员工的行为可能包括：

- 离开团队，或与对其进行批评的主管不交流。
- “宣泄”，或做出引人注意的行为，以对批评做出直接或间接的报复。
- 采取“消极被动”的行为，或试图通过不作为或懒惰来伤害管理者或整个公司。

• 缺乏安全感、行事不果断，导致其他部门陷入停滞。

• 表现出不合适的愤怒，造成更频繁的分歧和冲突。

• 参与“分裂”，或试图针对管理者制造不同的派系。

• 因为批评而对整个公司失望，为公司工作的意志变得消沉。

• 从公司辞职。这可能是绩效批评的一个代价高昂的结果，尤其是当受到批评的员工在许多方面都是有价值的，而辞职是可以避免的。

如何巧妙地批评

巧妙的管理行为需要经过深思熟虑，创造性地应对复杂的人际关系，包括监督他人开展工作。为了更具有巧妙性，而不是只关注问题和造成问题的缺陷，管理批评需要包括：

• 充分了解特定情境下的人际沟通，我们有时称之为“手腕”。绩效批评不仅需要对问题进行敏锐的评估，还需要对该种员工类型进行深入的评估。

• 在所传递信息的重要性（例如需要改进的工作表现）和传递信息方式的重要性间找到一个平衡点，传递信息的方式不应削弱反馈，而应该鼓励其接受并为所期待的绩效提升提供动力。

• 避免鲁莽、冲动、贬低性的攻击。巧妙的批评方法是经过深思熟虑的，而不是回应性的。

• 培养鼓励员工行动和用同理心进行管理的高情商管理技能。

职场沟通中，管理者可以采用巧妙并具有创造性的方式去理解他人的特殊情况并做出回应——即我们工作中对同理心的定义。管理者还可以采用这种方式去考虑如何更好地利用从同理心交流中获得的信息，以达到期望的监督目的。这一过程的巧妙之处在于：以一种不破坏监督关系，并实际上可能为推动双方关系提供机会的方式，将改正意见传达给对方。正如老话说的那样："危机与机遇并存。"

避免"一时冲动"的批评

大多数雇主都有自己的一套政策或程序，包括安排例会，以便进行绩效评估并分享改进意见。在这些安排好的会议中提供改正意见并分享期望，这对管理者来说是更加容易的，管理者和直属下属都了解这些会议的职能。

以下是一些对于如何准备事先规划的、正式的绩效评估的指导，在这个评估中，管理者需要传达"坏消息"以扭转工作表现不佳的局面：

• 准备相应的资料。

• 确保记录下了你和员工谈论他们表现的时间。

• 有能够向员工展示的书面质量标准。

• 对员工展示其工作不符合标准的例子，以及其他人的工作。

• 准备一份清单，列出你希望员工在工作中做出的改变。

• 对员工的改进能力持积极态度。

• 为员工设定短期目标。

• 诚实地对待员工的未来，而不是以居高临下或训诫的态度。

• 制订一份双方一致同意的契约，以在规定的时间内提高绩效。

很多情况下，管理者都是在被动的状态下对员工的工作表现提出批评，指出工作中迫切需要改正或解决的问题，以避免这种情况不再发生。组织性的压力在传达批评的过程中发挥着主要作用，这些压力包括时间限制、截止日期、与项目相关的其他部门的压力以及其他因素。当较大的工作压力和批评下属工作的需要结合在一起时，管理者可能很难用一种巧妙的、体贴的、有创意的方式来批评下属。重要的是，管理者要意识到这一事实，并培养更深入的沟通技能，以便使“一时冲动”式的沟通与更可控、更有计划的绩效讨论没有太大的差异。

巧妙批评的一个关键是具有洞察力，或将最终目标牢记在心。这显示管理者在压力下能够进行自我控制，这是一项情商技能。这项技能能够避免情商大师所说的“情绪劫持”，或允许大脑中自然的战斗或逃跑神经发生化学反应控制我们的思维和行为。这种技能源于当事情偏离正轨时抑制过度反应的能力。巧妙的批评家能够调整鲁莽行事的冲动（或者，也许更准确地说是“口无遮拦”的冲动）。无论外部的压力是否积累和发酵，这类管理者都能够保持员工的发展、自我价值感、士气以及团队的整体精神。

下面让我们举个例子来说明压力如何影响管理者批评下属行为的情绪。我们随后以这个例子为例，继续讨论巧妙批评的实用技巧。

案例分析

瑟蒙德女士（Thurmond）是一家工程公司的高级营销主管，负责监督市场经理琼斯女士（Jones）的工作。在给客户提交计划书终稿之前，琼斯让瑟蒙德再做一次审阅工作。在审查过程中，瑟蒙德发现页面出现了混乱，有几个地方的数字并不一致。瑟蒙德不得不与琼斯开会，提示她这些错误，以便在发出计划书之前可以对其进行修改和再次审阅。

三明治技巧

传达坏消息是一项不愉快的任务。但有一些有价值的、被广泛使用的策略可以将坏消息进行巧妙地传达。其中最常见和最有效的方法之一就是将坏消息“夹”在积极或乐观的消息中。如果你将这一基本技能融入到你的管理技能中，你一定会更有效地向你的下属传达纠正性的批评。这一技能也会增加你在交流和策略方面的综合技能，这些都是受人尊敬的管理者所具备的特质——尤其是公司高层管理者。

“三明治技巧”要求：

- 对话不要以批评或消极性的言论开头，开头一定是积极的。
- 批评或纠正性的反馈在稍后传达，但不应是最后的陈述。
- 最后的陈述必须是积极和肯定的。通过这种方式，在批评传达之后，接受方的情绪能够得到缓冲。

这项技能被广泛使用，它已成为任何部门必须传达坏消息或提供关键反馈时的习惯。想想招聘人员发给求职失败者的信件或信息。这些信件或信息的开头通常是面试官多么喜欢求职者，求职者非常具有竞争力，这使得筛选变得非常困难。然后传达坏消息：该公司已经选择了另一位更有资格的候选人。随后以祝申请人好运，前途一片光明为结尾。

将批评的“坏消息”放在积极的、肯定的开场白和结束语之间，类似策略应该成为管理者进行绩效批评的核心框架。再强调一下，这项技能的规则是开头永远不要用一句批评来解决错误或绩效问题。开场白总是对这个人的正面评价。正面评价可以是：员工最近在另一个项目上表现出色，他很优秀地处理了最近的问题，等等。它也可以是关于员工对团队价值的概括性陈述。在考虑如何使用三明治技巧进行绩效批评时，你需要准备好以某些真诚、积极和肯定的话做开头。沟通越真诚，越能分享积极的观点，三明治技巧的效果也就越好。当“坏消息”接受者发现这个积极的沟通是可信的时，就会产生预期的效果：更少的防御性，更少的焦虑和更开放的互动。这项技能可能需要一些创造性，但对于管理者而言，当谈及员工能力时，还是应多使用一些积极的语句。

在我们的例子中，假设这位高级营销主管在审阅计划书终稿时发现了许多错误，她的积极开场白可能是这样的：

"准备这份计划书显然需要大量的辛勤工作。"

接着，她提出存在的问题：

"不过我需要知道，提交给我做最后审阅的这份计划书为什么会存在错误。告诉我谁参与了编写、整理和编辑这份计划书，以及在整理和审阅上花了多少时间。"

这会引出对绩效问题的讨论，以及未来改正绩效问题的方法。讨论的最后应以积极肯定的话结尾：

"这个讨论非常有帮助。你的观点和判断很好。听起来我们的想法是一致的。让我们对这个计划部署做一些必需的修改，这样我们就能按时完成。然后，我们尽快与整个团队开个会，讨论我们刚才讨论过的修改，以便在未来改进我们的计划书。"

在提出对特定事件、错误或绩效缺陷的担忧时，可以考虑以下基本技能：

• 弄清事实。本杰明·迪斯雷利（Benjamin Disraeli）曾说过，批评别人比自己做对容易得多。真诚地努力做到最好，在收集和核查事实信息时，拥有所有合适的资料是尤其有用的。

• 选择最佳时机。当急需改正的情况下，我们通常建议管理者及时对工作表现进行批评。比如，一个问题如果在48小时内得不到纠正，将会继续恶化，并对团队或整个公司的生产力产生负面影响。这种危险同样会带来压力，并影响你在“一时冲动”下传递信息的方式。在我们的例子中，最佳的第一时间动作可能是专注于需要做些什么，以便迅速地向客户提交一份更正过的计划书（发现错误，改正错误，校对，准备邮寄）。这种情况下，批评所带来的强烈情绪不会影响到一个有时间限制的工作目标的完成，在案例中，瑟蒙德和琼斯需要按时将计划书提交给客户。讨论原始计划书质量不佳的会议可以在一段时间后进行（在压力减少之后）。

另一个关键沟通的时间点是在员工有机会重复错误之前。瑟蒙德可能会在另一个重要的计划书截止日前几天与琼斯会面，以便提醒她前一个计划书的问题，这样她即将收到的计划书就不会有同样的错误了。

• 避免在公共场合的批评。如果你没有控制自己，在别人面前贬低某人，那么被批评而带来的情绪影响会呈指数级增长。这样做从来都不是一个好习惯。此外，我们所倡导的技能需要时间去练习，而让其他人参与讨论是浪费他们的时间。

• 批判行为，而不是行为发生方。恨的是罪，而不是罪人。拒绝表演，而不是表演者。在我们的例子中，瑟蒙德女士可能会说：

“这份计划书还远没有达到可以发出去的质量。如果提交给我的计划书终稿都有这么多的错误，我很担心我们的质量保证流程。”

这种不针对人的批评把焦点放在有缺陷的计划书和审阅过程上，而不是琼斯本人上。因为琼斯是这一过程的一部分，所以某种程度上对个人批评是含蓄的。但这种技能特别注重于批评可改正的状态、行为或相关流程上，而不是针对个人。

• 减少使用“你”的次数。同样，管理者在批评时应尽量避免使用“你”，将焦点集中于错误而不是个人。这样做有助于在沟通中排除针对个人指责所带来的情绪负担。

考虑一个人在回答以下两个问题时可能经历的情感差异：

负面的、责备性的沟通：

“既然有这么多明显的错误，你怎么能把这份计划书交给我审阅呢？”

更合适的沟通：

“我们必须谈谈，这份计划书仍有这么多明显错误，是如何交给我进行最终审阅的。”

• 带着同理心，提出开放式问题。当员工描述绩效问题时，要积极倾听。努力去探索那些未被提及的东西。例如，瑟蒙德可能会在琼斯的解释中感受到琼斯的感受，琼斯听起来很有压力，可能会对“精力牵扯太多”而感到不满。

• 不要改变或允许改变话题，选择关键问题并约束自己。在面对试图将讨论转移到其他话题上时，能够坚守在当前话题上。避免有无数变数的深远讨论。由于受批评方认为责任在自己，他会出于自我防御和困难而转移话题。这两种行为的结果都需要简化和面对。

在以积极的陈述结束绩效改进会议之后，通常最好停止对其他方面问题的进一步讨论，以使会议的影响能够持久。

跟进的重要性

显然，减轻批评刺激的一个好方法是，找一个机会来评估员工对绩效改进信息的重视程度，然后在下一次类似的任务完成时，对良好的工作表现给予慷慨的表扬。相较于继续寻找下属的不足或批评下属的工作，管理者应该把重点放在寻找表扬下属的机会上。当批评的情绪余波还存在时，这一点尤为重要。

但是如果这个问题继续存在，你可能需要以更急迫和更严肃的态度来重复批评的过程。不应忽视或容忍正在发生的问题。如果管理者担忧三明治技巧的积极方面越来越难以发现，这些积极方面可能需要进行调整。

高级别的技巧性批评

到目前为止，我们所讨论的三明治技巧和传达批评的指导方针已深入到高情商管理技能的基本原理中。现在，让我们来看看，如何更高级地批评你下属的工作。这里都是更高级的技巧或技能，因为它们包含了更高程度的同理心，对与他人的感受保持一致上有很高的要求，并对什么在管理能力中真正重要提供了“宏观”的视角。

• 不要期望完全消除受批评方的防御心。如果管理者认为进行良好沟通的受批评方，一开始不会有消极的、下意识的反应，那他就太天真了。管理者应该适当忽略员工刚接受批评时的反应，而更多地关注他们接下来的反应，即接下来几天或几周的行为。不要太过拘泥于批评所带来的情绪反应。相反，管理者对接下来的几天或几周内的反应需要有判断力和足够的感知，当员工情绪随着时间改变时，员工有时间去消化此次沟通，并可能将其视为做出必要改变的机会。

• 具有同理心的沟通者会在沟通中感知对方的感受。如果防御和沮丧的兴趣很明显时，感知这些情绪可能是有用的。在管理者感知对方情绪后，巧妙的批评则需要传达：这个讨论不是针对员工，而是针对员工的表现；讨论的重点不是消极的方面，而是如何解决问题，让积极的事情在未来发生。员工会知道你在观察沟通中的情绪方面，而不仅仅是问题本身。这可以帮助员工感到被理解，并使员工更加信任管理者。

• 审视你的内心。在开始需要批评下属的沟通之前，先问问自己（或者更好的做法是，与下属的导师或培训师开诚布公地探讨）你对这种情况的感觉如何。你生气了吗？你觉得被背叛了吗？你是否觉得需要回应或是对过去发生的事情回应？如果是这样，你的方式可能太带有感情色彩。你的方式可能会被视为一种攻击，作为一种惩罚。情商高的管理者会培养更自然的自省能力，并愿意承认情绪对行为的影响。这能够更好地控制自我，控制自我在这类困难的沟通中是非常有用的。

• 用幽默和创造力来化解焦虑和防御。幽默是一种打破僵局、缓解压力的有效方式，而自我解嘲的幽默可以使你在下属的眼中更加人性化。一个幽默、轻松的接触需要大量的创造力和良好的传达信息能力。在把事情说清楚的同时，幽默可以非常有效地将对方的防御心最小化。尝试幽默可以让气氛变得轻松，让被批评的员工微笑。这样可以将沟通的基调转移到一个不那么有争议和紧张的话题上。

• 在面对受批评方不恰当的情绪或行为反应时，要冷静并坚定地应对。批评工作表现的一个困难之处在于处理受批评方的情绪。有时，这种情绪的影响可能是严重的，甚至是非常令人不安的。这种行为可能包括：

*放声大哭：一个感情脆弱的员工可能会在被批评后控制不住地哭泣，这可能会让管理者感到非常内疚和残忍。

*过度的愤怒，表现为喊叫、尖叫或说不敬言语：一些员工失去控制，表现为暴怒、提高嗓门、使用在工作场合不恰当的不敬言语。在目睹这种行为的管理者身上，可能会产生一系列情绪，包括害怕、焦虑和管理者自身的反应性愤怒。

*不恰当的回避性行为：可能包括在谈话正式结束前离开，或“沉默寡言”并拒绝说话。

*在极端情况下，可能出现暴力或恐吓威胁：我们都对现实生活中

职场发生的暴力事件非常敏感。心怀不满的员工表现出的威胁可能是非常真实的。通常情况下，这些暴力的雇员会被解雇或被严厉批评。

以下是一些建议，能够帮助你解决上述不舒服的情况：

• 确保个人隐私，尽量减少员工的尴尬。如果你开会的办公室或房间的门或窗户是开着的，那么当员工的情绪激动时，站起来把它们关上。减少刺激有助于为缓和这种情况创造一个更好的环境。但如果员工明显处于失控状态，那么对隐私的担忧可能不得不转为对个人安全的担忧。如果你觉得受到了威胁，可以找个亲近的人陪着你。

• 保持冷静。不要被情绪弄得心烦意乱。尽量不要被过度的情绪行为吓到，除非有真正的威胁或恐吓。管理者的冷静反应可以缓和高度紧张的气氛，为会面创造心理空间，使之朝着更积极的方向发展，并减少更理性和实质性的讨论时的紧张程度。

• 具有同理心。在旁边放一盒纸巾，为可能的哭泣情况做准备。

• 在合适情况下，用幽默来放松气氛。在我们的案例中，如果被批评的员工哭泣，高级营销主管可能在提供一盒纸巾时，会用一种轻松的、“半开玩笑的”方式说：“不要把所有的纸巾都用了，如果我们没有被客户选中，我可能会需要一些纸巾。”

• 这种幽默尝试的巧妙之处在于，它将讨论的焦点重新放在最终目标上（在这种情况下，就是赢得生意，而不是员工泪流满面的行为上）。它也给人一种被人接纳的感觉，因为眼泪是对悲伤和伤害的一种很自然的生理反应。

• 提供一个“暂停”。让被批评的员工冷静下来。你可以找个借口去上厕所，或者去办个急事，注意这能给员工几分钟时间冷静下来。在合适的情况下，当员工能够控制自我后，管理者可以决定稍后再召开会议。

• 在讨论还未结束时，不要试图阻止那些起身离开或者实际上离开会议的员工。礼貌而明确地让准备离开绩效改正会议的员工留下，直到你们两人对问题和解决方案有了充分的了解。如果员工不听，不要强行让他留下。尽量试着说服对方留下来完成会议，但不要关门或身体上阻止激动的员工离开办公室或房间。

对于那些“沉默寡言”的员工，你可以用具有同理心的话来描述你对员工拒绝说话或讨论情况的观察和感受。允许沉默。有时候，员工可能会因为沉默而感到不自在，然后再开始说话。如果这种行为（拒绝说话）继续下去，重申关键信息和结果，强调你的“门总是开着的”来进一步讨论，并结束会议。

巧妙批评的结果

当下属的工作需要批评时，善于处理此事的管理者会培养老练的沟通和策略的方式来解决问题，让批评永远不会是敌对、侮辱、攻击或惩罚性的。管理者会恰当地使用幽默的方式来表达自己的观点，并减轻批评反馈的刺痛。

管理者如何知道他们是否成功地开发出了一种更巧妙地批评别人的方法？在某种程度上，答案在于观察随之而来的积极结果。下属少犯错误，纠正绩效问题，不表现出其他消极行为，以报复批评。解决绩效问题不仅能改善工作，还能提高对管理者能力的信任程度，并愿意以类似的建设性方式解决未来问题。在危机之后，双方关系变得更加牢固。从双方的角度来看，绩效批评似乎都是一场关系危机。但是，当过程得到良好的管理时，关键的沟通可以在管理者和接受改正性意见的直属下属之间产生一种更紧密、更开放、更持续的关系。

本章小结

需要批评员工的表现时，管理者可能会觉得困难，但这是管理他人时不可避免的。

当管理者做到以下几点时，批评可以是巧妙的：

• 平衡传递信息的重要性（即绩效需要改进）和传递信息方式的重要性两者的关系，传递信息要不削弱反馈意见，并鼓励接受，为期望的绩效改进提供动力。

• 避免鲁莽、冲动、贬低性的攻击。巧妙的批评方法是深思熟虑的，而不是被动的，管理者需要自我控制以避免“口出恶言”。

高情商管理者会应用“三明治技巧”，它是老练沟通和策略的核心技能。批评的沟通方式是：

- 总是以积极的话开场。
- 将“坏消息”或批评放在积极的开场白之后。
- 总是用肯定的陈述来完成互动，最好是将积极的开场白与相信工作表现能够改正、事情会向好的方向发展结合。

其他技巧包括：

- 弄清事实。
- 选择最佳时机。
- 避免在公共场合批评。
- 用开放式问题进行探讨。
- 控制谈话。
- 批评行为，而不是行为者。
- 少使用“你”。
- 选择关键问题，并集中于这些问题上。

自我评估和自我培训练习

想想最后的例子，当你被迫面对糟糕的表现或下属犯的错误时，考虑以下问题：

- 对下属的批评是经过一个正式的绩效评估还是“一时冲动”？

• 时机是否是最佳的？什么样的时机会更好呢？

• 你是否在绩效批评的开始和结束时对这个人做了积极肯定的陈述？如果你做了，这些积极的陈述包括什么？

• 总的来说，你的批评怎么能更有技巧？

• 你是否喜欢用幽默来减轻焦虑，建立融洽的关系？你能想出幽默有助于减少被批评方的防御性的例子吗？

• 这些巧妙的批评技巧中，哪些对你来说是自然而然的，哪些是你需要培养的？

• 在会议结束后，当你批评下属的工作时，你是否跟进并保持关注？

当出现下一个需要及时解决的绩效问题时，请练习三明治技巧。

现在设想你需要在个人生活中和你的另一半、孩子或父母运用这些技能时：

• 相较于职场中，你在个人生活中使用这些巧妙批评技能的频率如何？更频繁、更少、差不多？你认为为什么会这样？

• 每次你生气的时候，或者别人的行为让你生气的时候，你都可以试试三明治技巧。你能够舒服使用这种技能吗？相较于更冲动的反应，你觉得使用这种技能怎么样？

CHAPTER 9

习惯 6：灵活应对不同的人格类型，掌握顶级管理技能

一个人考虑结果，而另一个人考虑过程。他们以完全不同的参照体系看待世界。两人都不知道对方的想法或行事方式——每个人都被对方压得喘不过气来。听起来是不是很熟悉？

——荣·威灵汉姆（Ron Willingham）

《民本化》

（*The People Principle*）

引　言

灵活应对不同的人格类型处于我们高情商管理技能金字塔的顶端，在我们开始解释前，让我们先回到金字塔的基础上。自我认知、同理心和“黄金法则”原则支撑一种人际交往方式，这种方式倾向于利用自我认知来理解他人。我们已经推论出努力理解他人会在不同层面上起作用。虽然职场中的交流有时流于表面，但人类互动的本质是人们以多种方式交流思想和感受。当管理者明白沟通模式是复杂的、多维的时，我们“6个习惯”模式的核心——主管和直属下属间的人际关系最为紧密。善解人意的沟通者通过探究隐藏在表面之下的问题、想法和感觉来凝聚他人。这些管理者会试图发现他人所表达的隐含之义。具有同理心的管理者会关注：是谁在传达某种信息，信息是如何传达的，信息的内容以及为什么用这种方式表达。

能够以非批判方式观察的管理者可以对他人有更深层次的理解。具有同理心的Y理论管理者对激励和驱使人们的因素有着持久的好奇心。这些管理者被个体风格差异的本质所吸引。当他们为特定类型员工的良好工作表现提供更多的内在报酬时，他们就会看到回报。他们分析员工的人际沟通方式，以此来制订与这些人建立关系的策略。甚至当员工个人风格与他们自己的风格完全不同时，他们也会这么做。

本章将重点介绍管理者如何通过改变自己的沟通方式来适应不同的员工，以此来增加效率，营造“以人为本”的管理关系。接下来，我们将介绍员工在工作中表现出的常见动机和性格。我们将概述管理者如何了解他人的能力，通过对他们意图和动机的积极评估，让他们参与到工作中，然后“顺应”他们天生的“风格”，去使他们与下属的关系更积极和富有成效。

对那些希望在职业生涯中承担越来越多管理责任的人来说，能够与他人灵活相处是尤其重要的。随着管理者晋升到公司高层，需要承担更大的管理职责，他们通常会领导更多的员工。一个有更多员工需要管理的高管很可能会遇到不同风格的下属。高情商的管理者明白要改变一个人的性格是不容易的，所以管理者需要调整自己的管理方式，最大限度地优化工作关系。

假设所有行为都源于“积极的意图”，那么与他人沟通是很有用的。即使是明显的消极行为也可以被理解为来源于某种积极的意图。努力寻找这种积极的意图会锻炼管理者的人际交往能力和对人类行为的感知能力。这种方法认为管理者不仅需要解决问题，还需要与其他效率高、有动力进步的人保持关系。

积极的意图是由员工在工作中经历的需求所驱动的。这些需求会根据经验、时间和高级管理者的管理风格，在不同的级别之间发展和变动。工作动机的基本是身体和情感上的安全感需要，一个人在工作中遇到的威胁可以是不安全的工作环境或缺乏安全感的工作。假设个体在生理上和职业上都感到安全，就可能发展到下一个层次的需求。这一层次包括更多的社会需求：归属感、与他人或同事沟通、被他人接受、发展友谊。接下来，员工可能会发展出更多与自我和职业认同相关的需求。在这个层次上，员工寻求能够建立自信、培养独立能力或帮助获得地位和认可的工作。最后，一个人可以从自己的工作中寻求自我实现和自我满足。这在很多方面都是显而易见的：包括心理上的、情感上的和精神上的。在需求层次上，工作成为自我实现、享受甚至实现自我生活计划的一部分。

“发现积极意图”的技能能够帮助管理者更深入地了解：在工作环境中，员工的驱动因素是什么，尤其是当这个人的行为让管理者感到困惑或与管理者期望不一致时。许多老板的下意识反应是采取对抗的方式，他们向员工施压，认为自己观察到的行为不合适并需要改正。但如果管理者试图去理解潜在动机背后的某种积极意图，这样的信息将会更加有效，因为它更容易被员工接受。在分析与特定个人的沟通策略时，老板需要考虑的逻辑问题是：“这个员工到底在做什么？他想要什么？他的意图是什么？驱动这个员工的需求是什么？这个员工在工作中的人际交往中寻求什么？”

能够发现员工积极意图的管理者会分析工作场所沟通和行为的基本需求。以下是管理者在对其下属进行评估时发现的四种常见意图：

1. 一部分员工可能是高度任务导向型的。他们的动机是完成任务。这个群体重视消除妨碍任务完成的障碍。这种类型的人害怕参与效率低下的会议或流程冗杂的决策，这类会议或决策可能导致无法按时完成任务。他们渴望达到最终的结果，然后继续前进。当与这种类型的人交流时，最好保持沟通简短、果断、专注于解决方案。

2. 另一部分员工可能更注重过程。这种类型的人专注于把事情做好。对他们来说，细节、过程和质量至关重要，错误是必须避免的，偏离公认的方法是不可接受的。和这类专注于把事情做好的人沟通时，管理者需要展示计划的价值、过程的每一步，以及对质量至关重要的共同认知。如果能达到错误最小化，更广泛的沟通和决策过程就会受到重视。

3. 还有一部分员工可能最看重与他人的相处过程。在这里，社会需求占主导地位。对这群人来说，联系是很重要的。与这种类型的员工交流，管理者需要找到共同的兴趣，分享想法和情感，建立亲密关系。管理者为了满足某些员工的社会需求而做出调整，其重点在于找到使员工不被孤立或参与单独任务的方法。团队建设沟通和活动是很有价值的。参与闲聊，分享善意的幽默，既是管理团队的一部分，也是提供具体工作方向的一部分。

4. 第四类员工寻找获得赏识的方法。这种风格是由自我驱动的，需要在别人眼中"闪亮"。对于这种类型的员工，不断地给出正面反馈是非常有用的。任何对这种类型员工的批评都需要夹在乐观、积极、给予支持的沟通中。奖励、赞美和持续不断地提醒"工作做得好"会激励这类员工。对这类员工来说，相较于完成任务、把任务做对、和别人相处而言，被注意到和被赏识更为重要。

案例分析

希拉（Sheila W）是一家大型会计师事务所的高级税务顾问，领导一个代表大型国际客户的团队项目。她是一个自我承认的完美主义者，高度以任务为导向。她被派去领导一个相对年轻的初级会计师团队，他们大多是20多岁的年轻人，彼此关系融洽，喜欢互相沟通。希拉习惯于在项目计划会议的后期才参会，并直接指出项目所存在的问题。在她到达会场之前，这支团队的沟通氛围很友好，她一进入会场，气氛就变得安静而紧张。希拉以一种非常直接和对抗性的方式提出问题，让人感到尴尬。会议结束后，当她离开房间时，团队成员面面相觑，对他们刚刚经历的痛苦经历摇头。彼得（Peter F）是希拉的主管，他以客人的身份参加了一次项目团队会议，目睹了整个过程，并决定需要与希拉谈谈她的团队管理风格。

案例讨论

这个案例中有两个方面值得分析。首先，希拉需要做些什么来与她的团队建立更融洽的关系，这样他们就不会害怕与她沟通？其次，彼得需要以何种方式，与希拉分享他在团队会议上观察到的意见，来帮助他宝贵的员工？

希拉专注于把事情做完，而且在一定程度上她专注于把事情做对。她的团队也有同样的目的，但他们也重视相处过程，渴望得到赏识（因为他们都是资历较浅的员工，正寻求建立职业生涯，寻找潜在的合作机会）。希拉认为，在会议开始时就直接研究客户参与的问题是很有效率的——毕竟，她认为时间是宝贵的，为什么要绕圈子呢？但她忽视了自己角色的人际关系方面。在我们培训过的高层管理者中，很多人被下属或团队视为单调的、缺乏幽默感的人，但当我们了解了这些管理者后，我们会发现他们是迷人甚至有趣的，善于沟通的人。希拉可能就是这样。但她需要认识到花时间与员工互动建立融洽关系的价值。我们可能给她的建议是：下次第一个到达会议现场，并就天气、周末计划或其他常见的话题进行“闲聊”。她可能以项目进展顺利开头，并赞扬员工的出色工作。这种方式为会议设定了一个完全不同的基调，并显示了希拉能够适应她的团队想要相处并得到赏识的能力。关键在于管理者需要重视增进与人的关系。希拉完全没有注意到她角色的这一方面，结果是团队士气低落。

彼得需要看到希拉要把事情做好的积极意图。因此，讨论需要强调的是：花费在沟通上的时间将有益于团队的最终表现。为让希拉承诺缓和她的强硬行为，彼得需要采取暗示的方式，“你想要以最好的质量按时完成项目，但你不可能一个人做到。你需要这些人，所以值得在人际关系上花时间。”希拉可能很喜欢施展她的导师和指导才能，但她不愿意在这上花时间，因为她认为公司不提倡在这上面花费时间。彼得以认识到希拉积极意图的方式与她交谈，通过共同的认知建立融洽的关系，并帮助希拉认识到尝试以不同方式与她的员工沟通的价值。

人格类型

罗伯特·博尔顿博士（Dr. Robert Grover Bolton）和多萝西·格罗弗·博尔顿博士（Dr. Dorothy Grover Bolton）在他们的《工作中的人格类型》(*People Styles at Work*) 一书中提供了一个类似的模型，用于了解不同性格的人如何在工作中表现自己。他们主张：

• 我们每个人都有一个主导风格，一个与我们如何与他人互动相关的“舒适区间”。

• 四种主导风格各占总人口的 25% 左右。

• 你无法改变你的主导风格。

• 没有一种风格比另一种风格更好或更差。

• 虽然相似风格的人显然有很多共同的特点，但是你和类似风格的其他人也不一样。换句话说，你远远超出了你的基本风格。

• 接受这四种基本风格，可以让你创造性地适应不同的风格。

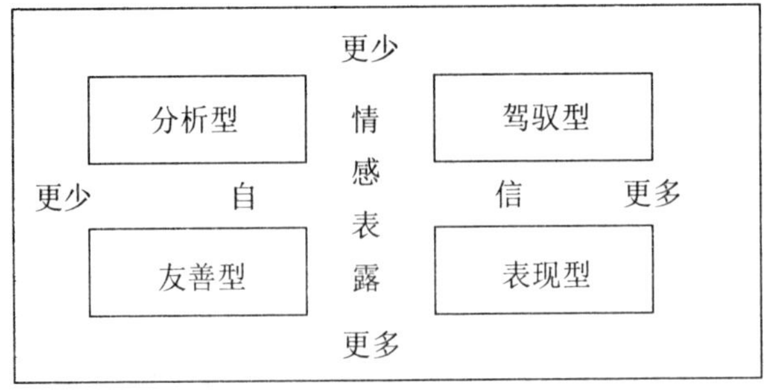

图 2　罗伯特·博尔顿和多萝西·格罗弗·博尔顿的“四型人格”模型

下面让我们来了解一下各种“人格”。

分析型

这类人约束自己的情绪，自信低于平均水平。分析型的人往往是：

• 完美主义风格。

• 被“预备，开火，瞄准”的决策策略吓坏了。

• “把事情做对”的类型——他们想要确定正确的选择。

• 系统的，有组织的，有任务导向的。

• 被基于数据的决策所吸引。数据越多越好。

• 在冒险方面非常谨慎。

• 喜欢独自工作和个人活动（待在家里而不是去参加聚会或下班后的聚会、读书等）。

• 当遇到困难时会很忠诚。

• 更低调和安静，情感不外露。

• 即使在表达看法时，也会靠在椅子上。

• 在沟通时，分析型的人会思考自己所说的内容，甚至打断自己，开始一个新的想法，这常常让听众感到困惑。

• 相较于口头交流，更倾向于使用书面形式。

• 情感理智。

- 准时赴约，但会错过截止日期。

友善型

这类人做事的方式不像一般人那样武断，同时反应也比一般人更积极。正如图 2 所展示，友善型和分析型自信程度类似（较少）。因此这两种风格会有一些相似之处。这两种风格的区别在于它们各自表现出的反应程度。相较于分析型，友善型会表现出更多的情感。友善型倾向于：

- 具有团队精神。
- 喜欢在项目上与他人合作，特别是在小组中或与其他同事合作。
- 不寻求聚光灯，并避免冲突。
- 寻找方法来解决冲突的想法。
- 随和可爱。
- 对别人的感受特别敏感。
- 在服务型岗位或职责上表现出色。
- 珍惜所创造的，并努力保持它。
- 熟悉日常工作流程并遵循他人制订的流程。
- 不愿意“实话实说”，因为害怕与别人疏远。

表现型

这类人具有高度的自信和丰富的情感表达能力。表现型倾向于：

- 风格外向、惹眼。
- 喜欢鲜艳的颜色、大胆的表态和引人注目的项目。
- 在聚光灯下茁壮成长，并被吸引到“舞台中心”。
- 不疲惫，精力充沛。
- 告知他人他们所做的每一件事。
- 拥有强大的人际关系网络。
- 大胆而富有想象力的梦想家。
- 冲动——他们先行动或说话，然后再思考。
- 喜欢根据机会而不是计划来工作。
- 好玩、爱玩。
- 相较于倾听，更喜欢表达。
- 以人为本，而不是以任务为导向。
- 会表达他们在想什么。
- 实话实说。

驾驭型

这种风格融合了高于平均水平的自信和低于平均水平的情感表露。这类人的风格是：

- 非常注重结果和底线。
- 非常独立。
- 非常果断，能够较容易地改变思维模式。
- 快节奏和有目的性。
- 善于时间管理。
- 关注事实而非细节，理性而非理论，直接且切题。
- 能够强行通过他倾向的议程。
- 以任务为导向。
- 能够对人有真诚的感情，但可能不像“友善型”和“表现型”的人那样会表达。

补充人格

在深入了解如何与不同类型的人有效沟通的同时，评估这些风格在压力下的表现也是有价值的。毕竟，压力越大，培养管理者高情商管理技能的重要性也就越高。

“补充人格”源自一个人的基本风格，但由于压力的强大影响，这种风格更为极端。补充人格在工作冲突的情况下更为明显，因此管理者需要有同理心来观察补充人格行为，这种行为通常在管理关系中会造成困难或问题，但本质上是基本人格的表现。根据博尔顿的说法，从正常行为到补充人格行为的转换不是有意识的，而是自动的。一个人的正常风格会变得极端，或者“过头”。在补充人格模式下：

- 分析型通常比较安静，不太情绪化，他们会变得回避。
- 友善型通常会很合作和支持，他们会变得顺从。
- 表达型通常是喜欢参与社交，他们会变得具有攻击性。
- 驾驭型通常都是指令性的，他们会变得独裁。

灵活应对不同的人格类型

博尔顿强调“适应风格”是去适应另一个人的行事方式，而不是去依照他的观点。“适应风格”是以目标为导向；它旨在建立更和谐的关系，从而管理冲突。

“关系建立的过程中，在恰当传达你对事情的看法同时，也要以同理心去倾听他人。人际交往的进程越顺利，人们就越有可能准确地听到彼此的意见，并创造性地解决相互间的矛盾和意见。”

“适应风格”是“为改善沟通，而对一些行为的暂时性调整”。这项技能的重点在于改变自己（你能够控制自己），而不是改变别人（你几乎无法控制自己）。博尔顿夫妇认为，改善情商的主要杠杆是你自己的行为。

博尔顿建议采用四步法，第一步是识别自己的风格和另一个人的风格；第二步是基于识别风格和他们提出的建议，规划未来的沟通模式；第三步是实施计划；最后一步是对结果进行评估，从而改进过程。

第169页到第172页的表格1到表格4总结了博尔顿关于适应四种不同人格（友善型、驾驭型、表达型和分析型）的建议。

尽管这些表格包含了大量的信息，并且在许多简单的日常沟通中似乎涉及过于复杂的决策，但遵循博尔顿模型最终会变得非常直观。我们保证，在你决定如何与他人有效沟通时，你将不再需要参考表格或手提电脑。你需要的是对四种人格和我们前几章讲过的高情商领导的其他五个习惯的扎实理解。愿意去适应你周围的人是建立融洽关系的动力。

我们中的许多人会发现很难去适应他人，我们的防御性表现在：“我就是我，我不认为我必须改变我的方式来适应别人。”在建立工作关系中，这是一种局限而短视的看法。这或多或少地表明：“我不在乎人与人之间的自然差异。我的个性和风格是最好的，人们应该改变他们以适应我。”这听起来很讨厌，不是吗？你真的想通过这种方式和别人交流吗?

表 1：友善型人格的建议

你的人格类型	他人的人格类型	适应他人的建议
友善型	分析型	• 更以任务为导向 • 淡化情绪 • 更系统化 • 更有组织性、细节化、基于事实
	表现型	• 跟上节奏——在行动、说话、解决问题和做决策上提速 • 展现更多的能量 • 关注宏观——表现型喜欢宏观地看待事物 • 说出你的想法 • 鼓励独立决策——给表现型员工自由权，不要拘泥于规则
	驾驭型	• 跟上节奏 • 展现更多的能量 • 更以任务为导向 • 更正规和职业化 • 淡化情绪 • 清楚你的目标和计划 • 说出你的想法 • “开门见山”——集中在优先问题上；展示主要观点；“如果没问题了，那我们就继续往下” • 组织好你的沟通 • 建议务实的解决方案
	其他友善型	• 可能需要暂时运用另一种行为方式（异性相吸 / 同性相斥） • 其中一方可能需要更多地表露情感和以任务为导向

表 2：驾驭型人格的建议

你的人格类型	他人的人格类型	适应他人的建议
驾驭型	表现型	• 建立个人的联系 • 更注重情绪 • 参与表现型的对话 • 自然 • 对表现型的有趣的一面保持开放的心态 • 给予表现型认可 • 在表现型的“波长”上沟通 • 像面对面或电话交流一样沟通，但是谈话总结可能需要记录下来 • 不要刨根问底。不要夸大事实和逻辑 • 重视别人的建议 • 表现出对人的关心 • 适当的时候，给予奖励 • 给予极大程度的自由
	分析型	• 放慢你的节奏——放慢你的语速，不要仓促做决定，也不要强制截止日期 • 更好地倾听 • 不要太强势 • 在分析型的“波长”上交流 • 做好准备 • 提供细节 • 力求准确
	友善型	• 真诚地沟通 • 放慢你的步伐 • 更好地倾听 • 更注重情绪 • 机遇支持 • 提供架构 • 表现出对人的兴趣
	其他驾驭型	• 避免权力斗争 • 可商量 • 更好地倾听 • 找一种暂时的方法让自己不那么武断

表 3：表现型人格的建议

你的人格类型	他人的人格类型	适应他人的建议
表现型	友善型	• 放慢你的步伐 • 更好地倾听 • 不要太强势 • 给予支持
	驾驭型	• 更以任务为导向 • 淡化情绪 • 制订计划并实施计划 • 组织好你的沟通语言 • 避免权力争斗
	分析型	• 放慢你的步伐 • 多听，更好地倾听 • 不要太强势 • 更以任务为导向 • 淡化情绪 • 更系统化 • 更有组织性、细节化、基于事实
	其他表现型	• 其中一方需要更严肃和注重细节 • 寻求运用其他人格的优势

表 4：分析型人格的建议

你的人格类型	他人的人格类型	适应他人的建议
分析型	驾驭型	• 加快速度 • 展示更多的能量 • 不要太拘泥于细节和原理 • 说出你的想法 • 以事实说话，以结果为导向 • 允许自我判断
	友善型	• 真诚地沟通 • 多关注情绪 • 给予支持 • 提供框架 • 表现出对人的兴趣 • 不要夸大事实和逻辑
	表现型	• 真诚地沟通 • 加快速度 • 展示更多的能量 • 多关注情绪 • 配合表现型的话题 • 对表现型的有趣的一面保持开放的心态 • 给予表现型认可 • 说出你的想法 • 在表现型的“波长”上沟通 • 给予极大的自由
	其他分析型	• 尝试一些更果断的方法 • 在人际关系上下功夫 • 善于原谅错误

适应他人的风格意味着你在乎别人，你对了解别人很感兴趣，你有情感上的自我认知，你在管理方面具备更强的心理素质和情商。瑜伽教练常说：“柔韧性就是力量。”在工作中也是如此。这种“弹性”技能将我们模型中的所有能力归集为“以他人为导向”、适应性强、经验丰富的管理风格，这可以将你的领导实践提升到最高水平。

本章小结

高情商的管理者会去分析员工的人际沟通方式，以此来制订与员工建立监督关系的策略。即使当员工的个人风格与自身完全不同时，他们也会这样做。高情商的管理者不会对某些刺激做出下意识的反应，而是评估对方的积极意图，以更清楚地了解对方的动机。这些积极的意图包括：

- 把任务完成。
- 把任务做对。
- 与人相处。
- 获得赏识。

在职场中，管理者可能会遇到四种人格。他们是：

1. 分析型（情绪不外露，自信度较低）。
2. 友善型（情绪外露，自信度较低）。

3. 表现型（情绪外露，自信度较高）。

4. 驾驭型（情绪不外露，自信度较高）。

出于对有效增进关系的需求，管理者需要制订适应不同人格类型的策略。高情商的管理者是灵活的，他们能够在对待员工和每个不同的人格上做出临时的、有目的的调整。他们这样做是因为他们可以控制自己的行为，与不同类型的人关系融洽也符合管理者的利益。

适应不同人格的练习

• 首先确定你自己的“人格类型”。

• 还有什么“人格类型”可能适用于你?

• 接下来，从与你共事或曾经共事过的一组人中，从本章讨论的“人格类型”（友善型、驾驭型、表达型和分析型）中选出一个代表。这些代表应该是这些类型的典型例子，而不是那些具有混合或结合这些特征的人。

考虑以下假设情况：客户要求你以另一种方法，重新完成最近提交项目的一部分。这要求你通知参与项目团队中的四名成员，客户需要重新工作，并明确要用较短时间来完成工作。出于多种原因，你认为每一个沟通都可能产生一些消极或有争议的反应。

假设这四个团队成员代表了四种不同人格类型（友善型、驾驭型、表达型和分析型），请为每个团队成员制订沟通的方法。

记住，“适应风格”的关键是你建立一个创造性的、富有成效的讨论时的主要优势，包括你对他人风格的洞察，以及你必须适应以实现你的直接目标。还要记住，你的适应风格取决于你对自身确定的“人格类型”。

在你的个人生活中适应不同人格

思考一下你的配偶或家庭成员的“人格类型”。

你和你所爱的人之间的分歧是否可以用彼此缺少“适应风格”来解释?

为了从这些关系中获得更多的东西，你能以什么方式来适应你的家庭中其他人的风格?

后 记

在这本书的开篇，我们承诺要分享给你一个有起点、中间和终点的模式。我们现在已经完整介绍了这一模式，但对你来说，这可能只是一段有价值的旅程的开始，这段旅程包括自我认知和技能的培养，在工作和个人生活中，这段经历一定会让你非常满意。因此，让我们以高度概括的形式来回顾这个模式，以强化它的核心信息。

要想与人相处融洽，要想成为一位受人尊敬、高情商、员工都喜欢为其工作的老板，你需要掌握六大重要的习惯：

• 获得尽可能多的自我认识，探寻自己内心的声音，发现自己的盲点，建立自己的情感自我认知。

• 培养同理心，通过积极倾听，走出自己的圈子，专注于他人的独特处境。因为你能够了解自己，你也会理解别人。

• 经常问自己，你的决定是否公平、尊重、诚实和宽容，因为你也希望被如此对待。

· 重视你的权威，避免人际关系破坏你的权威。

· 寻找方法来传达绩效反馈，尤其是绩效需要改进的时候，以激励而不是贬低人的方式来传达。

· 适应他人的自然风格，以建立融洽的关系，使你的沟通更有活力、更有成效、更能提高绩效。

我们一次又一次地看到，管理者在提高情商，改善工作中的人际关系的同时，也在家里建立了更好的人际关系。高情商技能很重要：它们对生意有好处，对于你生活中所珍惜的所有关系来说，它们也是无价之宝。

作者简介

斯蒂芬 E. 科恩（Stephen E. Kohn）是受人尊敬的、经验丰富的高管培训师之一，为高级管理层提供超过16年的服务。曾任保罗·谢尔曼合伙（Paul Sherman & Associates）公司执行副总裁，该公司是从事高管培训和绩效咨询的先驱公司之一。科恩现在经营着他自己的公司，沃科咨询公司（Work & People Solutions），总部设在纽约的怀特普莱恩斯。他的客户范围从大型国际公司（包括安永、杜邦和罗氏）到小型广告公司。

科恩先生是持有精神健康执照的专业人士，他25年的职业生涯都致力于培养他人的职场技能。他是解决冲突的专家，帮助各方达成共识。他还专门帮助高级管理人员培养人际交往行为和技能，从而促进他们的职业发展和成就。在科恩的个性化咨询中，团队管理能力和绩效管理监督是最常见的技能培养需求领域。

科恩先生毕业于康奈尔大学（Cornell University）和阿德菲大学

(Adelphi University) 的研究生院，他为管理者带来经验、教育和证书，以帮助商界领袖将他们的潜力最大化。此外，他还激励这些管理者开发方法，以最大限度地开发其下属的潜力。他被授予“职商”培训师的资格。他是《人际关系管理公式——老板们最喜欢的六大不可或缺的人际关系管理实践》(*The People Management Formula:Six Indispensable Human Relations Practices Used*) 的合著者。

文森特·D. 奥康奈尔 (Vincent D. O’Connell) 是沃科咨询公司 (Work & People Solutions) 的高级合伙人，负责公司的评估和研究服务、课程开发、培训和沟通职能。他拥有多年的人力资源咨询、管理和企业沟通经验。在职业生涯的早期，他在美国中西部康涅狄格领导了一个成长中的员工援助项目，之后他开始了10年的部门主管生涯，负责管理医院内的营销运作和护理系统。1996年以来，他一直是众多客户和行业的顾问和培训师，从医疗保健到制药，再到专业服务公司。除了目前在沃科咨询公司工作外，奥康奈尔还是海氏集团(Hay Group) 的顾问。

奥康奈尔先生本科毕业于布朗大学英语专业，研究生毕业于康奈尔大学人力资源管理专业。

他与斯蒂芬·E. 科恩 (Stephen E. Kohn) 合著了《人际关系管理公式》。此外，他还出版了一本小说《翻盘时刻》(*Movement Off the Dime*)，目前正在创作他的第二部小说。他目前居住在马里兰州银泉市。

术 语

准确的自我评估（Accurate Self-Assessment）：真实了解个人的优势、弱点、特点、风格和人际关系能力。

盲点（Blind Spots）：一个人没认识到他人普遍认识的事实。与否认不同，盲点不是一种心理策略或应对机制；相反，盲点是由于某种原因而处于一个人的认知盲区。

加利福尼亚心理调查表（California Psychological Inventory）：通过不同类型的评分来描述性格特征，其中包括一组评分称为“社会评分”。这种心理测试广泛应用于雇佣前和职场发展评估中。

认知失调（Cognitive Dissonance）：这种理论解释了人类如何避免冲突的知识或认知所带来的不愉快。

否认（Denial）：一种心理防御机制，否认事件重要性。它包括一系列旨在降低认知的心理策略。

发展性培训（Developmental Coaching）：专注于培养个人在特定监督或专业角色中所需要的技能和能力的训练。这种支持性的学习对于新的管理者，或者那些被提升或重新分配到不同的（通常是更高的）岗位的管理者来说尤为重要。

争议的分化阶段（Differentiation Phase of Conflict）：争议的初始阶段，双方对争议中的分歧有一个清晰的认识，但并未达成一致。

情绪失落（Emotional Fallout）：由于受到批评而产生的常见情绪结果和行为。

情商/EQ（Emotional Intelligence/EQ）：这个术语描述了一系列涉及自我认知、自我管理、社会认知和关系管理的能力。一个人的情商表现在情感层面上的“聪明”，尤其是你能够了解所感受到的情绪，以及你对周围情绪的感知和反映程度。

情绪自我认知和情绪素养（Emotional Self-Awareness and

Emotional Literacy）：知道什么是情绪，包括何时以及如何感受它们。有一个关于情绪的词汇表，这样你就能更好地识别你的感知以及造成这些感知的可能原因。

同理心（Empathy）：与他人一起感受；理解并回应他人的特殊情况。阅读隐藏的意义，以及未说出口的东西。

高管培训（Executive Coach）：是一项管理者的资源，对管理者在一系列管理能力上的指导和引导。通常，高管培训师会对客户的技能和挑战进行初步和持续的评估，并与客户分析新方法的有效性，以实现事先设定的目标。

基本的人际关系取向行为（Fundamental Interpersonal Relations Orientation-Behavior）（FIRO-B）：一种心理测试工具，用于了解个人性格变化，个人需求如何影响人际关系，以及与他人的兼容性。

霍桑实验 / 霍桑效应（Hawthorne Experiment/Hawthorne Effect）：一项于 19 世纪西部电气公司开展的实验，由梅奥（Mayo）、勒特利斯贝格尔（Roethlisberger）和迪克森（Dickson）主导，本质上是人际关系管理思潮运动的开端，实验发现当员工被关注，并被视为独特的人而不是机器上的齿轮时，他们的生产效率会提高。

争议的整合阶段（Integration Phase of Conflict）：争议的解决阶段，在最初的分化阶段确定了争端中各自立场之后，两方或多方开始聚在一起，找到彼此的共同点。

导师（Mentor）：一位值得信赖的良师益友，导师需要具有良好的工作表现和经验，可以为你提供非常实用、经验丰富的建议，帮助你制订职业规划，并帮助你处理当下出现的问题。

迈尔斯-布里格斯性格分类法（Myers Briggs Type Indicator and Psychological Type）：一项关于心理类型的心理测试，源于卡尔·荣格的理论来解释人们行为的随机差异。根据荣格的理论，个人可预见的差异是由于人们倾向于使用自身思维方式的差异造成的，尤其是在感知和判断的活动中。

人格类型（People Style）：四组不同人际风格，象限中横轴从左到右自信度（A）提升，数轴从上到下情感表露（R）增多。四组人格类型的人数几乎相同：驾驭型（A 高，R 低）、表现型（A 高，R 高）、友善型（A 低，R 高）和分析型（A 低，R 低）。

三明治技巧（Sandwich Technique）：一种沟通技能，旨在减少受批评方的防御心，或减少收到坏消息的刺痛感。该技能要求管理者总是以积极的陈述开头和结尾，将问题、批评或坏消息放在中间。

风格适应（Style Flex）：一种建立关系的策略，以确定自己和其他人的风格，然后运用理解，采用一种灵活的方法来适应他人的自然风格。

辅助型培训（Succession-Supportive Coaching）：类似于导师培训，只有这种培训是由经验丰富的高管培训师来进行的，当员工在组织中承担更高级别的领导职责时，该培训师会帮助他们培养更多的高管技能。

X 理论和 Y 理论（Theory X and Theory Y）：人际关系管理风格的二分法，由道格拉斯·麦格雷戈（Douglas McGregor）在《企业的人性》（*The Human Side of Enterprise*）一书中提出。X 理论管理者认为，员工需要被激励才去工作。Y 理论管理则认为工作是一种自然行为，就像玩耍一样，如果员工被授权并得到指导，他们就能高情商地工作。

托马斯－基尔曼冲突模式工具（Thomas Kilman Conflict Mode Instrument）：一种验证过的心理测试，评估你处理冲突的方式，以及相关的沟通和个人效能特性。

360度多方评估或员工态度调查（360 Degree Appraisal or Multi-Rater Feedback）：一种自我学习练习，个人通过使用调查工具对自己的绩效维度进行评估，并邀请下属、同事和管理者使用同一工具对他们进行匿名评估。将自我评估的分数与他人评估的平均分数进行比较。

转型类培训（Transformational Coaching）：一种发展学习活动，需要改变存在问题或不成功的沟通或管理风格。